110～220kV输电线路电缆终端杆塔标准化 设计图集

塔型图

国网河南省电力公司经济技术研究院　组编

中国电力出版社
CHINA ELECTRIC POWER PRESS

内
容
提
要

输电线路标准化设计是国网河南省电力公司贯彻落实能源转型发展战略和构建新型电力系统理念，推动"一体四翼"发展布局和"六精四化"三年行动计划方案实施的重要体现，是大力推进设计优化创新，坚定不移向"大而强"目标迈进，推动输变电工程建设由传统模式向绿色建造方式转型升级，稳妥有序推动机械化施工技术发展，从而更好服务打造数智化坚强电网，推动构建新型电力系统，对提高输电线路设计、物资招标、机械化施工及运行维护等工作效率和质量将发挥重要技术支撑作用。

本书为《110～220kV 输电线路电缆终端杆塔标准化设计图集　塔型图》，全书共包括 12 个电缆终端杆塔子模块 12 种塔型，各子模块均包括主要技术条件参数表、子模块说明及塔型一览图等内容。

本书可供电力系统各设计单位，从事电网建设工程规划、管理、施工、安装、运维、设备制造等专业人员以及院校相关专业的师生参考使用。

图书在版编目（CIP）数据

110～220kV 输电线路电缆终端杆塔标准化设计图集.
塔型图 / 国网河南省电力公司经济技术研究院组编.
北京 ：中国电力出版社, 2025. 6. -- ISBN 978-7-5198-9837-3

Ⅰ. TM753-64

中国国家版本馆 CIP 数据核字第 2025K5Q928 号

出版发行：中国电力出版社
地　　址：北京市东城区北京站西街 19 号
邮政编码：100005
网　　址：http://www.cepp.sgcc.com.cn
责任编辑：罗 艳　高 芬
责任校对：黄 蓓　马 宁
装帧设计：张俊霞
责任印制：石 雷

印　　刷：三河市航远印刷有限公司
版　　次：2025 年 6 月第一版
印　　次：2025 年 6 月北京第一次印刷
开　　本：880 毫米×1230 毫米　横 16 开本
印　　张：2.75
字　　数：99 千字
印　　数：0001—1000 册
定　　价：39.00 元

《110～220kV 输电线路电缆终端杆塔标准化设计图集　塔型图》
编 委 会

主　　任　　张永斌　胡玉生
副 主 任　　鲍俊立　王　松
委　　员　　周　怡　陈　晨　郭　飞　武东亚　张　亮　殷　毅　周　正　董平先　郭建宇　刘　洋

《110～220kV 输电线路电缆终端杆塔标准化设计图集　塔型图》
编 制 组

主　　编　　陈　晨　张　亮
副 主 编　　牛　凯
编写人员　　郭　伟　徐尉豪　魏荣生　仝　雅　宋文卓　宋晓帆　齐桓若　宋景博　姚　晗　郭　放
　　　　　　翟育新　汪　赟　郭夫然　李　凯　薛文杰　张金凤　赵　冲　王　卿　白萍萍　闫向阳
　　　　　　黄　茹　李　铮　康祎龙　韩慧娜　翟孟琪　姚若夫　闫　珺　贾璐璐　王全飞　姚　猛
　　　　　　刁　旭　王顺然　周长健　王玉杰　陈军帅　侯森超　董素丽　刘二伟　王悦茏　杨建威
　　　　　　李博文　王德弘　白俊峰　张晓磊　吴雨桐　田　利　荣坤杰　孟祥瑞　杨增涛　黄家信
　　　　　　蒋艳涛　姚　刚　杨　阳　王泽宇

《110～220kV 输电线路电缆终端杆塔标准化设计图集　塔型图》
设计工作组

牵头单位　　国网河南省电力公司经济技术研究院

成员单位　　河南鼎力铁塔股份有限公司　　河南大地电力勘察设计有限公司

　　　　　　　东北电力大学　　山东大学　　重庆大学

前　　言

　　《110～220kV 输电线路电缆终端杆塔标准化设计图集》是国网河南省电力公司标准化建设成果体系的重要组成部分。2022 年年末，在省公司领导的关心指导下、在省公司建设部和互联网部的大力支持下，国网河南省电力公司经济技术研究院牵头组织相关科研单位和设计院，结合河南"十四五"电网规划，在广泛调研的基础上，经专题研究和专家论证，历时两年编制完成《110～220kV 输电线路电缆终端杆塔标准化设计图集》。

　　本书涵盖了河南省区域电缆终端杆塔适用的典型设计气象条件（基本风速 27m/s、覆冰厚度 10mm）、常用导线型号（2×JL3/G1A－240/30、2×JL3/G1A－400/35、2×JL3/G1A－630/45）等技术条件，该研究成果具有安全可靠、技术先进、经济适用、协调统一等显著特点，是国网河南省电力公司标准化体系建设的又一重大研究成果，对指导河南省区域乃至全国 220kV 及 110kV 输电线路标准化体系建设、提高电网建设的质量和效率都将发挥积极推动和技术引领作用。

　　本书在编制过程中得到了国网河南省电力公司相关部门的大力支持，在此谨表感谢。

　　由于编者水平有限，书中难免存在不足之处，敬请广大读者给予指正。

编　者

2024 年 10 月

目　录

第1章 概 述

1.1 目的和意义

为落实能源转型发展、新型电力系统建设、绿色建造、智能建造等新要求，贯彻公司战略，结合电网建设实际，完善基建专业管理体系，深化工程标准化建设，以科技创新和标准化管理为着重点，以提高电网建设工作质量和效率为出发点，不断提升理论研究集成创新能力和成果应用转化能力。

为统一输电线路设计技术标准、提高工作效率、降低工程造价，贯彻"资源节约型、环境友好型"的设计理念，推进技术创新成果标准化设计的应用转化，开展输电线路电缆终端杆塔标准化设计工作，对强化集约化管理，统一建设标准，统一材料规格，规范设计程序，提高设计、评审、招标、机械化施工的工作效率和工作质量，降低工程造价，实现资源节约、环境友好和全寿命周期建设目标均起到重要的技术支撑作用，是对河南省电力公司输变电工程标准化设计成果的重要补充。

1.2 总体原则

本标准化设计在参考国家电网有限公司现有通用设计的研究成果，并广泛调研河南省电网特点和 110～220kV 输电线路的建设实践经验的基础上，贯彻执行国家电网有限公司"六精四化"的总体要求与重点任务，经过设计优化和集成创新，形成具有可靠性、先进性、经济性、通用性和适应性的输电线路电缆终端杆塔标准化设计成果。

（1）可靠性：结合河南省区域自然环境、气象条件和经济社会发展状况，在充分调研的基础上，经技术经济比选，优化塔型设计，确保杆塔安全可靠。

（2）先进性：在全面应用国家电网有限公司现有标准化设计成果的基础上，提高设计集成创新能力，积极采用"新材料、新技术、新工艺"，形成技术先进的标准化研究成果。

（3）经济性：全面贯彻全寿命周期研究理念，综合考虑工程初期投资和长期运行费用，合理规划杆塔型式、塔头布置以及塔腿根开取值范围，确保最佳的经济社会效益和技术水平。

（4）统一性：依据最新规程、规范，参照国家电网有限公司标准化设计成果，统一设计技术标准和设备采购标准。

（5）适应性：本标准化设计主要适用以平地地形（海拔 1000m 以下）为主，且包含户外电缆终端杆塔的 110kV 及 220kV 输电线路工程。

（6）灵活性：合理划分杆塔模块、检修平台高度等边界技术条件，设计和施工更加便捷和灵活。

第 2 章 设 计 依 据

2.1 主要规程规范

本标准化设计主要按照以下规程规范执行：

GB 50009—2012 《建筑结构荷载规范》

GB 50017—2017 《钢结构设计标准》

GB 50545—2010 《110kV～750kV 架空输电线路设计规范》

GB 50217—2018 《电力工程电缆设计标准》

GB/T 700—2006 《碳素结构钢》

GB/T 1179—2017 《圆线同心绞架空导线》

GB/T 1591—2018 《低合金高强度结构钢》

GB/T 3098.1—2010 《紧固件机械性能 螺栓、螺钉和螺柱》

GB/T 3098.2—2015 《紧固件机械性能 螺母》

GB/T 50064—2014 《交流电气装置的过电压保护和绝缘配合设计规范》

DL/T 284—2021 《输电线路杆塔及电力金具用热浸镀锌螺栓与螺母》

DL/T 5582—2020 《架空输电线路电气设计规程》

DL/T 5486—2020 《架空输电线路杆塔结构设计技术规程》

DL/T 5442—2020 《输电线路杆塔制图和构造规定》

DL/T 5551—2018 《架空输电线路荷载规范》

Q/GDW 1799.2—2016 《电力安全工作规程 线路部分》

Q/GDW 10248.1—2016 《输变电工程建设标准强制性条文实施管理规程 第 1 部分：通则》

Q/GDW 10829—2021 《架空输电线路防舞设计规范》

2.2 国家电网有限公司有关规定

国家电网设备〔2018〕979 号《国家电网有限公司关于印发十八项电网重大反事故措施（修订版）的通知》

国家电网基建〔2012〕386 号《关于印发国家电网公司输变电工程提高设计使用寿命指导意见（试行）的通知》

基建技术〔2019〕20 号《国网基建部关于发布 35～750kV 输变电工程设计质量控制"一单一册"（2019 年版）的通知》

国家电网基建〔2022〕6 号《国家电网有限公司关于印发基建"六精四化"三年行动计划的通知》

国家电网设备〔2020〕444 号《国家电网公司关于印发架空输电线路"三跨"重大反事故措施的通知》

国网基建〔2018〕387 号《国家电网公司关于印发输电线路工程地脚螺栓全过程管控办法的通知》

3.1　划分原则

结合河南省电网特点、气象条件和地形地貌等区域特点，在充分调研的基础上，确定以下杆塔模块划分原则：

本标准化设计以 30 年重现期、基本风速 27m/s（10m 基准高）、覆冰厚度 10mm、海拔低于 1000m、平地为主要设计边界条件，针对 110kV 及 220kV 电力户外电缆终端杆塔适用的地形及气象条件、电压等级、导线截面、回路数、杆塔型式、地线架设型式、适用档距以及挂线点型式，通过技术经济比较，合理划分塔型模块。

3.1.1　电压等级

本标准化设计仅对 110kV 及 220kV 电压等级的户外电缆终端杆塔进行研究。

3.1.2　回路数

结合河南省电网特点和前期调研情况，按照 110kV 及 220kV 电力户外电缆终端杆塔优化设计原则，本标准化设计考虑 110kV 及 220kV 电压等级的单回和双回架设方式。

3.1.3　导线截面

根据国家电网有限公司标准化设计指导原则，结合河南省电网"十四五"发展规划，经过技术经济综合比选，本标准化设计 220kV 输电线路导线按 $2 \times JL3/G1A - 400/35$、$2 \times JL3/G1A - 630/45$ 两种标称截面进行选取，110kV 输电线路导线按 $2 \times JL3/G1A - 240/30$ 标称截面进行选取。

3.1.4　杆塔型式

本标准化设计分别采用角钢塔及钢管杆，根据技术先进、安全可靠和经济合理的原则，经技术经济优化比选，角钢选用等边单角钢截面型式，220kV 钢管杆杆体选用正十六边形截面型式，110kV 钢管杆杆体选用正十二边形截面型式，单回路采用干字形排列方式，双回路采用鼓形排列方式。

3.1.5　气象条件

根据调研结果，结合河南省气象特征和典型气象区的气象参数，本标准化设计基本风速取 27m/s（10m 基准高），覆冰厚度取 10mm。

3.1.6　地形条件

本标准化设计适用海拔在 1000m 以下的 110kV 及 220kV 电力户外电缆终端杆塔所处的平地区域。

3.1.7　地线截面

本标准化设计地线配合按如下原则选择：

220kV 输电线路导线截面为 $2 \times JL3/G1A - 400mm^2$ 的电缆终端杆塔，地线选用 JLB20A - 150 型铝包钢绞线；导线截面为 $2 \times JL3/G1A - 630mm^2$ 的电缆终端杆塔，地线选用 JLB20A - 150 型铝包钢绞线。

110kV 输电线路导线截面为 $2 \times JL3/G1A - 240mm^2$ 的电缆终端杆塔，地线选用 JLB20A - 100 型铝包钢绞线。

3.1.8　适用档距

根据调研和线路档距优化配置结果，结合河南省电网发展特点，经过技术经济比较，本标准化设计 220kV 杆塔水平档距取 300m、垂直档距取 350m，220kV 钢管杆水平档距取 200m、垂直档距取 250m。

本标准化设计 110kV 杆塔水平档距取 250m、垂直档距取 300m，110kV 钢管杆水平档距取 150m、垂直档距取 200m。

3.1.9　挂线点型式

电缆终端杆塔导线挂点按照单挂点设计，地线按照单挂点设计，跳线按单挂点设计。

3.2　划分和编号

根据电缆终端杆塔型使用特点，结合导线截面、气象条件、回路数和适用区域等因素，参照《35kV～750kV 线路杆塔通用设计优化技术导则》（试行）划分原则，本标准化设计共划分为 12 个杆塔子模块 12 种塔型，模块划分一览表见表 3.2 - 1。

表 3.2-1 　　　　　　　　**模 块 划 分 一 览 表**

序号	模块编号	系统条件	环境条件	杆塔材料	塔型编号
1	220-GC21D	回路数：单回路 导线截面：2×400mm²	基本风速：27m/s 覆冰厚度：10mm 海拔：0～1000m	角钢	220-GC21D-DL
2	220-GC21S	回路数：双回路 导线截面：2×400mm²	基本风速：27m/s 覆冰厚度：10mm 海拔：0～1000m	角钢	220-GC21S-DL
3	220-HC21D	回路数：单回路 导线截面：2×630mm²	基本风速：27m/s 覆冰厚度：10mm 海拔：0～1000m	角钢	220-HC21D-DL
4	220-HC21S	回路数：双回路 导线截面：2×630mm²	基本风速：27m/s 覆冰厚度：10mm 海拔：0～1000m	角钢	220-HC21S-DL
5	220-GC21GD	回路数：单回路 导线截面：2×400mm²	基本风速：27m/s 覆冰厚度：10mm 海拔：0～1000m	钢管杆	220-GC21GD-DL
6	220-GC21GS	回路数：双回路 导线截面：2×400mm²	基本风速：27m/s 覆冰厚度：10mm 海拔：0～1000m	钢管杆	220-GC21GS-DL
7	220-HC21GD	回路数：单回路 导线截面：2×630mm²	基本风速：27m/s 覆冰厚度：10mm 海拔：0～1000m	钢管杆	220-HC21GD-DL
8	220-HC21GS	回路数：双回路 导线截面：2×630mm²	基本风速：27m/s 覆冰厚度：10mm 海拔：0～1000m	钢管杆	220-HC21GS-DL
9	110-EC21D	回路数：单回路 导线截面：2×240mm²	基本风速：27m/s 覆冰厚度：10mm 海拔：0～1000m	角钢	110-EC21D-DL
10	110-EC21S	回路数：双回路 导线截面：2×240mm²	基本风速：27m/s 覆冰厚度：10mm 海拔：0～1000m	角钢	110-EC21S-DL
11	110-EC21GD	回路数：单回路 导线截面：2×240mm²	基本风速：27m/s 覆冰厚度：10mm 海拔：0～1000m	钢管杆	110-EC21GD-DL
12	110-EC21GS	回路数：双回路 导线截面：2×240mm²	基本风速：27m/s 覆冰厚度：10mm 海拔：0～1000m	钢管杆	110-EC21GS-DL

杆塔模块编号由 2 个字段组成，第一字段为电压等级；第二字段为技术条件组合，由"导线截面＋基本风速＋覆冰厚度＋海拔＋杆塔材料＋回路数"组成。杆塔塔型编号由 3 个字段组成，即在杆塔模块编号基础上增加第三字段"杆塔塔型"，包括"杆塔型式＋塔型系列"。杆塔模块及塔型编号规则见图 3.2-1。

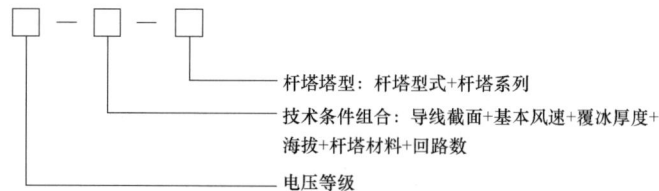

图 3.2-1　杆塔模块及塔型编号规则

编号示例：

220-GC21D-DL：表示电压等级 220kV，导线截面 2×400mm²、基本风速 27m/s，覆冰厚度 10mm、海拔 0～1000m 的单回路终端角钢塔。

110-EC21GS-DL：表示电压等级 110kV，导线截面 2×240mm²、基本风速 27m/s，覆冰厚度 10mm、海拔 0～1000m 的双回路终端钢管杆。

3.3　设计分工

本标准化设计根据导线截面共分 12 个子模块 12 种塔型，具体参与单位及承担设计内容详见表 3.3-1。

表 3.3-1 　　　　　　**参与单位及承担内容划分表**

序号	参编单位	负责内容
1	国网河南省电力公司经济技术研究院	组织策划、技术总负责
2	河南大地电力勘察设计有限公司	模块设计
3	河南鼎力杆塔股份有限公司	节点设计优化

第 4 章　主要设计原则和方法

4.1　设计气象条件

按照安全可靠、通用适用的原则，结合《110kV～750kV 架空输电线路设计规范》（GB 50545—2010）典型气象区气象参数进行适当归并、制定。

4.1.1　气象条件重现期

依据 GB 50545—2010 中 4.0.1 "110kV～330kV 输电线路及其大跨越重现期应取 30 年"的规定，本标准化设计气象条件重现期按 30 年设计。

4.1.2　基本风速

根据河南省各地市气象站气象资料汇总统计分析，气象记录最大风速在 24～26m/s 之间的气象站占 90%以上。依据《建筑结构荷载规范》（GB 50009—2012）中全国基本风压分布图，河南省大部分区域位于基本风压 0.3～0.4kN/m² 区间内，换算出河南省最大风速在 24～25.5m/s 之间。

依据 GB 50545—2010 中 4.0.4 "110kV～330kV 输电线路基本风速不宜低于 23.5m/s"的规定，本标准化设计基本风速按 27m/s 选取（10m 基准高）。

4.1.3　覆冰厚度

依据《河南省 30 年一遇电网冰区分布图（2024 年版）》可知，河南省 0～10mm 覆冰地域约占 85%，10mm 以上覆冰地域约占 15%（多位于河南省西部和南部山区）。

根据河南省 30 年一遇电网冰区分布图，结合调研情况，本标准化设计覆冰厚度取 10mm。

4.1.4　最高气温

参照河南气象日照站的实际观测数据，全省最高气温月平均气温在 36～38℃ 之间，参照 GB 50545—2010 典型气象区参数，本标准化设计最高气温取 40℃。

4.1.5　年平均气温

河南省年平均气温一般在 12.8～15.5℃之间，且南部高于北部，东部高于西部。豫西山地和太行山地，因地势较高，气温偏低，年平均气温在 13℃以下；南阳盆地因伏牛山阻挡，北方冷空气势力减弱，淮南地区由于位置偏南，年平均气温均在 15℃以上，成为全省两个比较稳定的暖温区。

全省冬季寒冷，最冷月（多为 1、2 月）平均气温在 0℃左右（南部在 0℃ 以上，如信阳为 2.3℃；北部在 0℃以下，如郑州为 -0.3℃）。春季气温上升较快，豫西山区升至 13～14℃，黄淮平原可达 15℃左右。夏季炎热（多为 7、8 月），平均气温分布比较均匀，除西部山区因垂直高度的影响，平均气温在 26℃ 以下外，其他地区都在 27～28℃ 之间。秋季气温开始下降，10 月平均气温山地下降到 13～14℃，平原下降到 15～16℃，而南阳盆地和淮南地区都在 16℃以上。河南省各地年平均地温差距不大，一般为 15～17℃。北部略低，南部稍高。

依据 GB 50545—2010 中 4.0.10 "当地区年平均气温在 3℃～17℃时，宜取与年平均气温临近的 5 的倍数值"的规定，本标准化设计年平均气温取 15℃。

4.1.6　结论

综上分析，本标准化设计气象条件重现期按 30 年一遇、基本风速取 27m/s、覆冰厚度取 10mm。各子模块操作过电压和雷电过电压的对应风速按 GB 50545—2010 中的规定进行取值。设计气象条件组合表见表 4.1-1。

表 4.1-1　　　　　　　　　设计气象条件组合表

冰风组合条件		I
大气温度（℃）	最高	40
	最低	-40
	覆冰	-5
	基本风速	-5
	安装	-15
	雷过电压	15
	操作过电压	-5
	年平均气温	15
风速（m/s）	基本风速	27
	覆冰	10
	安装	10
	雷过电压	10
	操作过电压	15
覆冰厚度（mm）		10
冰的密度（g/cm³）		0.9

注　杆塔地线支架按导线设计覆冰厚度增加 5mm 工况进行强度校验。

4.2 导地线

目前我国导线标准采用《圆线同心绞架空导线》（GB/T 1179—2017），参照国家电网有限公司标准物料导地线参数及相关技术要求，本标准化设计导线选用 2×JL3/G1A−240/30、2×JL3/G1A−400/35、2×JL3/G1A−630/45 型钢芯铝绞线，双分裂设计。依据河南省电网特点，110kV 及 220kV 输电线路导线绝大多数采用水平排列方式，故本标准化设计导线排列方式按水平排列方式设计。

目前《国家电网有限公司输变电工程通用设计 35～110kV 输电线路杆塔分册（2022 年版）》《国家电网有限公司输变电工程通用设计 220kV 输电线路杆塔分册（2022 年版）》中 2×JL3/G1A−240/30 导线分裂间距有 400、500mm 两种，2×JL3/G1A−400/35 导线分裂间距有 400、500mm 两种，2×JL3/G1A−630/45 分裂间距有 500、600mm 两种。根据河南省 110、220kV 输电线路现有设计和运行情况，本标准化设计 2×JL3/G1A−240/30 导线分裂间距取 400mm，2×JL3/G1A−400/35 导线分裂间距取 400mm，2×JL3/G1A−630/45 分裂间距取 500mm。

同时参照《国家电网有限公司输变电工程通用设计 35～110kV 输电线路杆塔分册（2022 年版）》《国家电网有限公司输变电工程通用设计 220kV 输电线路杆塔分册（2022 年版）》中相关模块设计条件，本标准化设计地线 110kV 选用 JLB20A−100 型铝包钢绞线，220kV 选用 JLB20A−150 型铝包钢绞线。

输电线路地线应需满足其机械强度和导地线配合等相关技术要求，当采用 OPGW 作为地线时，还应根据系统短路热容量对地线进行校验，并满足杆塔地线支架强度要求。

导地线技术参数及机械特性见表 4.2−1～表 4.2−4。

表 4.2−1　　　　　110kV 导线技术参数及机械特性

型号		JL3/G1A−240/30
根数/直径（mm）	钢	7/2.40
	铝	24/3.60
计算截面积（mm²）	钢	31.67
	铝	244.29
	总计	275.96
外径（mm）		21.60

续表

型号	JL3/G1A−240/30
额定抗拉力（kN）	75.19
计算重量（kg/km）	920.7
弹性模量（kN/mm²）	73.0
线膨胀系数（1/℃）	$19.4×10^{-6}$

表 4.2−2　　　　　220kV 导线技术参数及机械特性

型号		JL3/G1A−400/35	JL3/G1A−630/45
根数/直径（mm）	钢	7/2.50	7/2.81
	铝	48/3.22	45/4.22
计算截面积（mm²）	钢	34.36	43.60
	铝	390.88	630.00
	总计	425.24	673.60
外径（mm）		26.8	33.8
额定抗拉力（kN）		103.67	150.45
计算重量（kg/km）		1347.5	2079.2
弹性模量（kN/mm²）		65.0	63.0
线膨胀系数（1/℃）		$20.5×10^{-6}$	$20.9×10^{-6}$

表 4.2−3　　　　　110kV 地线技术参数及机械特性

型号	JLB20A−100
结构（根/mm）	19/2.60
计算截面积（mm²）	100.88
外径（mm）	13.0
单位长度重量（kg/km）	674.1
绞线破断拉力（kN）	121.66
弹性模量（GPa）	147.2
线膨胀系数（1/℃）	$13×10^{-6}$

表 4.2-4   **220kV 地线技术参数及机械特性**

型号	JLB20A-150
结构（根/mm）	19/3.15
计算截面积（mm²）	148.07
外径（mm）	15.75
单位长度重量（kg/km）	989.4
绞线破断拉力（kN）	178.57
弹性模量（GPa）	147.2
线膨胀系数（1/℃）	13×10^{-6}

4.3 安全系数选定

导线安全系数的合理选取主要受气象条件、地形、档距以及经济性等因素影响，并经技术经济综合比选后确定合理的安全系数取值。

4.3.1 气象条件

设计气象条件要素取值为最高气温 40℃，最低气温 -40℃，年平均气温 15℃，基本风速 27m/s，覆冰厚度 10mm。

4.3.2 地形

海拔在 1000m 以下的 110kV 及 220kV 电力户外电缆终端杆塔所处的平地区域。

4.3.3 档距

本标准化设计 220kV 杆塔水平档距取 300m、垂直档距取 350m，220kV 钢管杆水平档距取 200m、垂直档距取 250m。

本标准化设计 110kV 杆塔水平档距取 250m、垂直档距取 300m，110kV 钢管杆水平档距取 150m、垂直档距取 200m。

4.3.4 安全系数

220kV 角钢塔导线安全系数取 2.5，年平均运行张力 25%，地线安全系数法计算荷载，JLB20A-150 安全系数 4.5；220kV 钢管杆导线安全系数取 6.0，年平均运行张力 16%，地线安全系数法计算荷载，JLB20A-150 安全系数 8.0。

110kV 角钢塔导线安全系数取 2.5，年平均运行张力 25%，地线安全系数法计算荷载，JLB20A-100 安全系数取 4.0；110kV 钢管杆导线安全系数取 6.0，年平均运行张力 16%，地线安全系数法计算荷载，JLB20A-100 安全系数取 8.0。

110kV 及 220kV 导地线的新线系数取 0.95。

地线设计冰厚较导线增加 5mm，仅针对杆塔的机械强度设计，即地线水平、垂直荷载、纵向张力（地线张力计算时，按导线设计冰厚作为覆冰控制工况，计算冰厚增加 5mm 情况下的张力，计入杆塔荷载中），不涉及地线机械特性、间隙验算、断线情况和不均匀覆冰情况（地线不平衡张力取值时对应的冰区应与导线的冰区相同）。

4.4 绝缘配合及防雷接地

4.4.1 绝缘配合原则

结合河南区域经济社会发展情况，根据《架空输电线路电气设计规程》（DL/T 5582—2020）中相关内容，新建的 110～1000kV 输电线路的绝缘配置应以污区分布图为基础，并综合考虑环境污染变化因素。对于 c 级及以下污区，可提高一级进行绝缘配置；d 级污区按照上限配置；e 级污区按照实际情况配置，同时应结合线路附近的污秽和发展情况，绝缘配合应适当留有裕度。本标准化设计按 e 级污秽区（统一爬电比距≥50.4mm/kV）进行设计绝缘配置。

架空引下部分依照《交流电气装置的过电压保护和绝缘配合设计规范》（GB 50064—2014）、《110kV～750kV 架空输电线路设计规范》（GB 50545—2010）进行绝缘设计。电缆终端头、避雷器、支柱绝缘子等设施布置应满足户外配电装置相关规程规范要求。

参照国家电网设备〔2018〕979 号要求，居民区、人口密集区户外电缆终端头应选用复合套管式。

4.4.2 绝缘子选型

采用爬电比距法确定绝缘子型式和数量，绝缘子的片数按下式计算

$$n \geq \lambda U/(K_e L_{ol}) \tag{4.4-1}$$

式中 n——每联绝缘子所需片数；

       U——相对地最高运行电压，kV；

       λ——统一爬电比距，mm/kV；

       L_{ol}——单片悬式绝缘子的几何爬电距离，mm；

       K_e——绝缘子爬电距离的有效系数。

依据《河南电网发展技术及装备原则（2020 年版）》中"35～220kV 线路宜全部采用复合绝缘子"的规定，本标准化设计绝缘子按复合绝缘子选取。

参照国家电网有限公司标准物资标准参数，复合绝缘子高度与爬电距离关

系见表 4.4－1。

表 4.4－1   复合绝缘子高度与爬电距离关系

电压等级 （kV）	绝缘子型式	结构高度 （mm）	最小爬电距离 （mm）
110	复合绝缘子	1240	2520
110	复合绝缘子	1240	3150
110	复合绝缘子	1440	3520
220	复合绝缘子	2240	5040
220	复合绝缘子	2350	6340
220	复合绝缘子	2470	7040

结合河南省电网建设及运行特点，本标准化设计选用防污性能较好的复合绝缘子进行电气、荷载及结构验算。110、220kV 复合绝缘子电气参数分别见表 4.4－2 和表 4.4－3。

表 4.4－2   110kV 复合绝缘子电气参数

绝缘子型号	额定抗拉负荷 （kN）	结构高度 （mm）	最小电弧距离 （mm）	最小公称爬电距离 （mm）	雷电全波冲击耐受电压（峰值） （不小于，kV）	工频 1min 湿耐受电压（有效值） （不小于，kV）	质量 （kg）
FXBW－110/70－3	70	1440±15	1200	3520	550	230	8
FXBW－110/120－3	120	1440±15	1200	3520	550	230	8

表 4.4－3   220kV 复合绝缘子电气参数

绝缘子型号	额定抗拉负荷 （kN）	结构高度 （mm）	最小电弧距离 （mm）	最小公称爬电距离 （mm）	雷电全波冲击耐受电压（峰值） （不小于，kV）	工频 1min 湿耐受电压（有效值） （不小于，kV）	质量 （kg）
FXBW－220/100－3	100	2470±15	2400	7040	1000	395	14
FXBW－220/120－3	120	2470±15	2400	7040	1000	395	14
FXBW－220/160－3	160	2470±15	2400	7040	1000	395	15
FXBW－220/210－2	210	2470±15	2400	7040	1000	395	20

4.4.3   绝缘子串

依据 GB 50545—2010 的规定，绝缘子和金具的机械强度需满足下式要求

$$K_I = T_R/T \qquad (4.4-2)$$

式中 K_I——绝缘子的机械强度安全系数，见表 4.4－4；

T_R——绝缘子的额定机械破坏负荷，kN；

T——金具的机械强度安全系数，分别取绝缘承受的最大使用荷载、断线荷载、断联荷载、验算荷载或常年荷载的情况，见表 4.4－5，kN。

表 4.4－4   绝缘子的机械强度安全系数

情况	最大使用荷载		常年荷载	验算荷载	断线荷载	断联荷载
	盘型绝缘子	棒形绝缘子				
安全系数	2.7	3.0	4.0	1.5	1.8	1.5

表 4.4－5   金具的机械强度安全系数

情况	最大使用荷载	验算荷载	断线荷载	断联荷载
安全系数	2.5	1.5	1.5	1.5

4.4.3.1   导线耐张绝缘子串选型

依据国家电网有限公司标准物资参数，结合本标准化设计技术条件，导线耐张绝缘子串选型说明如下：

（1）依据国家电网有限公司标准物资进行选型，坚持"标准统一、余度适当"的原则。

（2）参照《国家电网有限公司 35～750kV 输变电工程通用设计、通用设备应用目录（2024 年版）》选用。

（3）导线耐张绝缘子串组装型式见表 4.4－6。

表 4.4－6   导线耐张绝缘子串组装型式

电压等级	串型	适用导线型号
110kV	1NP21Y－4040－10P（H）	2×JL3/G1A－240/30
220kV	2NP21Y－4040－12P（H）	2×JL3/G1A－400/35
220kV	2NP21Y－5050－21P（H）	2×JL3/G1A－630/45

4.4.3.2   地线耐张绝缘子串

依据国家电网有限公司标准物资参数和《国家电网有限公司 35～750kV 输

变电工程通用设计、通用设备应用目录（2024 年版）》，结合本标准化设计技术条件，地线耐张绝缘子串组装型式见表 4.4-7。

表 4.4-7　地线耐张绝缘子串组装型式

电压等级	串型	适用地线型号
110kV	BN2Y-BG-10	JLB20A-100
220kV	BN2Y-BG-12	JLB20A-150

4.4.3.3　跳线绝缘子串

依据国家电网有限公司标准物资参数和《国家电网有限公司 35～750kV 输变电工程通用设计、通用设备应用目录（2024 年版）》，结合本标准化设计技术条件，跳线绝缘子串组装型式见表 4.4-8。

表 4.4-8　跳线绝缘子串组装型式

电压等级	串型	适用导线型号
110kV	1TP-10-07H（P）Z	2×JL3/G1A-240/30
220kV	2TP-20-10H（P）Z	2×JL3/G1A-400/35
220kV	2TP-30-10H（P）Z	2×JL3/G1A-630/45

4.4.4　空气间隙

4.4.4.1　带电部分与杆塔构件的最小间隙

依据 GB 50545—2010，线路带电部分与杆塔构件的最小间隙见表 4.4-9。

表 4.4-9　带电部分与杆塔构件的最小间隙

工作情况	110kV 最小空气间隙（m）	220kV 最小空气间隙（m）	相应风速（m/s）
内过电压	0.70	1.45	15
外过电压	1.00	1.9	10
运行电压	0.25	0.55	27
带电检修	1.0	1.8	10

注　操作部位考虑人活动范围 0.5m。

4.4.4.2　裕度选取

对于电缆终端杆塔在外形布置时，角钢塔结构裕度对应于角钢准线选取，钢管杆对应于钢管构件外缘选取，220kV 电缆终端塔塔身部位 300mm，

其余部位 200mm，220kV 电缆终端杆均为 300mm；110kV 电缆终端杆塔塔均为 150mm。

4.4.5　防雷设计

依据 GB 50545—2010 中"1）110kV 输电线路宜沿全线架设地线，在年平均雷暴日数不超过 15d 或运行经验证明雷电活动轻微的地区，可不架设地线。无地线的输电线路，宜在变电站或发电厂的进线段架设 1～2km 地线。2）220～330kV 输电线路应全线架设地线，年平均雷暴日数不超过 15d 的地区或运行经验证明雷电活动轻微的地区，可架设单地线，山区宜架设双地线"的规定，本标准化设计电缆终端杆塔按架设双地线设计。

地线对导线保护角依据 GB 50545—2010 中"对于单回路，330kV 及以下线路的保护角不宜大于 15°；对于同塔双回或多回路，110kV 线路的保护角不宜大于 10°，220kV 及以上线路的保护角均不宜大于 0°"的要求设计。

根据 GB 50545—2010 中"杆塔上两根地线之间的距离应满足，不应超过地线与导线间垂直距离的 5 倍。在一般档距的档距中央，导线与地线间的距离，应满足 $S \geqslant 0.012L+1$ 的要求"的规定，本标准化设计按架设双地线设计。

4.4.6　接地设计

依据 GB 50545—2010 中 7.0.16、7.0.19 的规定，有地线的塔型应接地。本标准化设计电缆终端杆塔地线支架、导线横担与绝缘子固定部分之间，具有可靠的电气连接，通过预留接地螺栓与接地装置可靠连接。

电缆终端头的金属护层接地装置与终端杆塔的接地装置宜分开，两者之间应保持 3～5m 距离。

电缆终端头金属护层的工频接地电阻值 $R \leqslant 4\Omega$。

4.4.7　电气连接

参照国家电网有限公司现行通用设计技术原则相关技术要求，本标准化设计中电缆终端杆塔电气连接应符合以下规定：

（1）电缆终端头的电气设备应采用可靠灵活的接线方式，便于检修维护工作开展。

（2）向同一变电站供电的双回或多回路电缆线路终端应满足一回路检修、一回路正常运行时的安全距离要求，必要时予以物理隔离，如设隔离墙。

（3）架空线与电缆终端头的连接方式应考虑降低风振对电缆终端头密封的影响。

4.5　塔头布置

（1）本标准化设计双回路采用鼓形布置方式（每侧导线垂直排列）。单回路采用两层横担干字形布置方式（导线呈三角形排列）。

（2）依据 GB 50545—2010，本标准化设计杆塔的导线水平线间距离应按下式计算

$$D \geqslant k_i L_k + \frac{U}{110} + 0.65\sqrt{f_c}　　　（4.5-1）$$

式中　k_i——悬垂绝缘子串系数，本标准化设计为耐张塔，取值为 0；

　　　　D——导线水平线间距离，m；

　　　　L_k——悬垂绝缘子串长度，m；

　　　　U——系统标称电压，kV；

　　　　f_c——导线最大弧垂，m。

（3）导线三角排列的等效水平间线间距离应按下式计算

$$D_x = \sqrt{D_p^2 + (4/3 D_z)^2}　　　（4.5-2）$$

式中　D_x——导线三角排列的等效水平线间距离，m；

　　　　D_p——导线间水平投影距离，m；

　　　　D_z——导线间垂直投影距离，m。

（4）地线与导线和相邻导线间的水平位移，依据 GB 50545—2010 的规定选取：10mm 冰区 220kV 水平位移不小于 1.0m，10mm 冰区 110kV 水平位移不小于 0.5m。

4.6　挂点设计

导线挂点采用单挂双联的型式，挂线板是否火曲及火曲度数根据电气条件确定。挂线点见图 4.6-1。

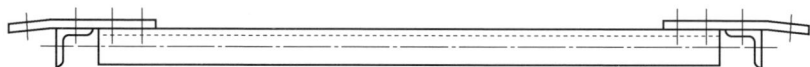

图 4.6-1　挂线点

4.7　杆塔规划

4.7.1　地线配置

本标准化设计电缆终端杆塔按双地线设计。

4.7.2　转角度数

本标准化设计杆塔转角度数划分为 0～10° 出线，共一个系列。

4.7.3　设计档距

本标准电缆终端杆塔水平档距及垂直档距见表 4.7-1。

表 4.7-1		水平档距及垂直档距		
模块编号	水平档距（m）	垂直档距（m）	代表档距（m）	K_v 系数
220-GC21D	300	350	0/300	—
220-GC21S	300	350	0/300	—
220-HC21D	300	350	0/300	—
220-HC21S	300	350	0/300	—
220-GC21GD	200	250	0/200	—
220-GC21GS	200	250	0/200	—
220-HC21GD	200	250	0/200	—
220-HC21GS	200	250	0/200	—
110-EC21D	250	300	0/250	—
110-EC21S	250	300	0/250	—
110-EC21GD	150	200	0/150	—
110-EC21GS	150	200	0/150	—

4.8　电缆终端杆塔设计的一般规定

（1）所有杆塔呼称高统一为 3 的倍数，级差按 6m 考虑，杆塔按照平腿设计。220kV 角钢塔最小呼高为 18m，最大呼高为 30m；220kV 钢管杆最小呼高为 21m，最大呼高为 33m。110kV 角钢塔最小呼高为 18m，最大呼高为 24m；110kV 钢管杆最小呼高为 18m，最大呼高为 30m。

（2）为增加杆塔顺线路方向的刚度，简化结构型式，本次电缆终端塔采用方形断面。

（3）为保证杆塔抗扭刚度，隔面设置不大于 4 个主材节间分段且不大于 5 倍的平均宽度。

（4）角钢构件之间的夹角不小于 15°。

（5）电缆终端角钢塔挠度不大于杆塔全高的 7‰，电缆终端规格杆挠度不大于杆塔全高的 25‰。

4.9 电缆终端杆塔的荷载

4.9.1 气象条件重现期

依据 GB 50545—2010，110kV 及 220kV 输电线路重现期取 30 年。

4.9.2 基本风速距地高度

依据 GB 50545—2010，110kV 及 220kV 输电线路统计风速应取离地面 10m。

4.9.3 杆塔荷载分类

（1）作用在杆塔身的荷载可分为永久荷载和可变荷载。

1）永久荷载：导线及地线、绝缘子及其附件、杆塔结构、各种固定设备等的重力荷载，土压力、拉线或纤绳的初始张力、土压力及预应力等荷载。

2）可变荷载：风和冰（雪）荷载；导线、地线及拉线的张力，安装检修的各种附加荷载，结构变形引起的次生荷载以及各种振动动力荷载。

（2）杆塔承受的荷载及荷载的作用方向。杆塔的荷载分解为横向荷载、纵向荷载和垂直荷载。

1）横向荷载：沿横担方向的荷载，如杆塔导地线水平风力、张力产生的水平横向分力等。

2）纵向荷载：垂直于横担方向的荷载，如导线、地线张力在垂直横担或地线支架方向的分量等。

3）垂直荷载是垂直于地面方向的荷载，如导线、地线的重力等。

4.9.4 杆塔荷载及特殊考虑

（1）本标准化设计的所有杆塔荷载和组合条件均满足《架空输电线路电气设计规程》（DL/T 5582）、《架空输电线路杆塔结构设计技术规程》（DL/T 5486）、《架空输电线路荷载规范》（DL/T 5551）中所规定的杆塔正常、事故、安装的强度要求。以下覆冰、断线荷载及断线组合方式等规定，考虑其特殊重要性，特此突出强调：

1）各类杆塔的安装情况，应按 10m/s 风速、无冰、相应气温的气象条件下考虑荷载组合。所有直线塔需要考虑双倍起吊工况。

2）杆塔荷载计算时，地线设计冰厚，除无冰区段外，应较导线冰厚增加 5mm；导线和地线距离配合计算时，地线设计冰厚应与导线一致。

3）各类杆塔均按线路的正常运行情况（包括基本风速、设计覆冰、最低气温）、不均匀冰荷载情况、断线情况和安装情况的荷载进行计算。

各种工况下可变荷载组合系数见表 4.9-1。

表 4.9-1   各种工况下可变荷载组合系数

正常运行情况	断线情况	安装情况	不均匀冰荷载情况		
			轻冰区	中冰区	重冰区
1.0	0.9	0.9	0.9	0.9	0.9

（2）覆冰情况下（含不均匀冰）须考虑导地线及杆塔的风荷载增大系数，覆冰风荷载增大系数见表 4.9-2。

表 4.9-2   覆冰风荷载增大系数

覆冰厚度（mm）	覆冰风荷载增大系数	
	导地线、绝缘子	杆塔
10	1.2	1.2

（3）断线（含分裂导线的纵向不平衡张力）情况。

1）耐张塔断线工况下气象条件及荷载组合见表 4.9-3。

表 4.9-3   耐张塔断线工况下气象条件及荷载组合

冰区	气象条件	垂直荷载
轻冰区	-5℃、有冰、无风	100%设计覆冰荷载
中、重冰区	-5℃、有冰、无风	100%设计覆冰荷载

2）耐张塔的断线荷载按下列方式组合：

a. 单回路和双回路杆塔：同一档内，断任意两根导线（或任意两相有纵向不平衡张力）、地线未断；同一档内，断任意一根地线和任意一根导线（或任意一相有纵向不平衡张力）。

b. 多回路塔：同一档内，断任意三根导线（或任意三相有纵向不平衡张力）、地线未断；同一档内，断任意一根地线和任意两根导线（或任意两相有纵向不平衡张力）。

3）导地线断线张力取值见表4.9-4。

表4.9-4　　　　　　导地线断线张力取值

冰区		断线张力（一相导地线最大使用张力的百分数）			垂直荷载取100%覆冰
		单导线	双分裂及以上导线	地线	
轻冰	10mm及以下	100%	70%	100%	

（4）不均匀冰情况。不均匀冰工况下气象条件见表4.9-5。

表4.9-5　　　　　　不均匀冰工况下气象条件

冰区	气象条件
轻、中冰区	-5℃、不均匀冰、10m/s风

不均匀冰工况下不平衡张力取值见表4.9-6。

表4.9-6　　　　　　不均匀冰工况下不平衡张力取值

冰区		导线	地线
轻冰	10mm及以下	30%	40%

（5）对有些情况做了特殊规定，说明如下：

1）本次220kV角钢塔按代表档距0/300m、220kV钢管杆按代表档距0/200m、110kV角钢塔按代表档距0/250m、110kV钢管杆按代表档距0/150m计算各工况张力。

2）考虑垂直荷载及水平荷载一侧为0，另一侧全部加在线路挂线侧。

3）导地线安装张力：本次杆塔荷载计算时综合考虑导地线安装时的初伸长、过牵引、施工误差等因素，导线张力增加15%，地线张力增加10%，张力不再取降温后的导地线张力。

4）本次考虑不同回路不同期施工的安装工况。

5）电缆支架对于110kV电缆终端头质量按照300kg考虑，220kV电缆终端头质量按照990kg考虑；110kV电缆座式避雷器质量按照250kg考虑，220kV电缆座式避雷器质量按照500kg考虑。

4.10　电缆终端杆塔结构设计方法

电缆终端杆塔的结构设计，采用以概率理论为基础的极限状态设计法。极限状态分为承载能力极限状态和正常使用极限状态。电缆终端杆塔设计时，根据使用过程中在结构上可能同时出现的荷载，按照承载能力极限状态和正常使用极限状态分别进行荷载组合，并取各自最不利的组合进行设计。

4.10.1　承载能力极限状态

（1）承载能力极限状态，按照荷载的基本组合或偶然组合计算荷载的组合效应值，其表达式为

$$\gamma_o \cdot S_d \le R_d \qquad (4.10-1)$$

式中　γ_o——杆塔结构重要性系数，重要线路不应小于1.1，临时线路取0.9，其他线路取1.0；

S_d——荷载组合效应设计值；

R_d——结构构件的抗力设计值，按照DL/T 5486—2020确定。

（2）荷载组合效应设计值S_d，根据各种工况组合的气象条件，从荷载组合值中取用最不利或规定工况效应设计值确定，其表达式为

$$S_d = \gamma_G \cdot S_{GK} + \psi \cdot \gamma_Q \cdot \Sigma S_{QiR} \qquad (4.10-2)$$

式中　γ_G——永久荷载分项系数，对结构受力有利时不大于1.0，不利时取1.2，验算结构抗倾覆或滑移时取0.9；

S_{GK}——永久荷载效应的标准值；

ψ——可变荷载组合值系数，按表4.10-1的规定选取；

γ_Q——可变荷载分项系数，取1.4；

S_{QiR}——第i项可变荷载效应的代表值。

表4.10-1　　　　　　可变荷载调整系数

设计大风情况	设计覆冰情况	低温情况	不均匀覆冰情况	断线情况	安装情况
1.0	1.0	1.0	0.9	0.9	0.9

（3）荷载偶然组合的效应设计值S_d，根据各种工况组合的气象条件，从荷载组合值中取用最不利或规定工况效应设计值确定，其表达式为

$$S_d = S_{GK} + S_{AD} + \Sigma S_{QiR} \qquad (4.10-3)$$

式中　S_{AD}——偶然荷载效应的标准值。

4.10.2 正常使用极限状态

（1）正常使用极限状态，荷载的标准组合效设计值应满足结构规定限值。其表达式为

$$S_{\mathrm{d}} \leqslant C \qquad (4.10-4)$$

式中　C——结构或构件达到正常使用要求的规定限值。

（2）正常使用极限状态下，荷载的标准组合效设计值，根据各工况气象组合条件计算。其表达式为

$$S_{\mathrm{d}} = S_{\mathrm{GK}} + \psi \cdot \Sigma S_{QiR} \qquad (4.10-5)$$

（3）正常使用极限状态下，电缆终端杆塔的挠度计算，荷载的组合效设计值，根据各工况气象组合条件计算。其表达式为

$$S_{\mathrm{d}} = S_{\mathrm{GK}} + \Sigma S_{QiR} \qquad (4.10-6)$$

4.10.3 电缆终端杆塔材料

（1）钢材材质为 GB/T 700—2006 中规定的 Q235 系列以及 GB/T 1591—2018 中规定的 Q355、Q420 系列。按照实际使用条件确定钢材级别，钢材的强度设计值见表 4.10-2。

表 4.10-2　　　　钢材的强度设计值　　　　（N/mm²）

钢材牌号	厚度或直径（mm）	抗拉、抗压和抗弯	抗剪	孔壁挤压
Q235 钢	≤16	215	125	
	>16，≤40	205	120	370
	>40，≤100	200	115	
Q355 钢	≤16	305	175	
	>16，≤40	295	170	
	>40，≤63	290	165	510
	>63，≤80	280	160	
	>80，≤100	270	155	
Q420 钢	≤16	375	215	
	>16，≤40	355	205	
	>40，≤63	320	185	560
	>63，≤100	305	175	

续表

钢材牌号	厚度或直径（mm）	抗拉、抗压和抗弯	抗剪	孔壁挤压
Q460 钢	≤16	410	235	
	>16，≤40	390	225	595
	>40，≤63	355	205	
	>63，≤100	340	195	

（2）电缆终端杆塔连接螺栓主要采用 6.8 级、8.8 级；其性能应符合 GB/T 3098.1—2010、GB/T 3098.2—2015、DL/T 284 的有关规定。螺栓强度设计值见表 4.10-3。

表 4.10-3　　　　螺栓强度设计值

	螺栓、螺母等级	抗拉（N/mm²）	抗剪（N/mm²）
镀锌粗制螺栓 C 级	4.8	200	170
	6.8	300	240
	8.8	400	300
地脚螺栓	4.6	160	—
	5.6	200	—
	8.8	310	—

注　适用于构件上螺栓端距大于或等于 1.5d（d 为螺栓直径）。

4.10.4 电缆终端杆塔构件连接方式

电缆终端塔塔身及横担角钢及钢板构件采用螺栓连接，塔脚及局部结构采用焊接；电缆终端杆杆身与横担及杆身与杆身连接均采用法兰连接，法兰与法兰通过螺栓连接。M16、M20 螺栓采用 6.8 级，M24 及以上规格螺栓采用 8.8 级。

4.10.5 电缆终端杆塔与基础的连接方式

电缆终端杆塔与基础采用地脚螺栓连接方式，按照《输电线路工程地脚螺栓全过程管控办法》（国网基建〔2018〕387 号）的要求，选用 M24、M30、M36、M42、M48、M56、M64、M72、M80、M90、M100 规格地脚螺栓。地脚螺栓材质优先选用 4.6 级、5.6 级、8.8 级。具有安全可靠、经济合理和施工便捷等优点，符合国家电网有限公司标准工艺要求。

电缆终端杆塔接地孔为 2 个 φ17.5mm 的孔，竖排，孔间距 50mm，四个腿均设置。接地线孔位置及高度示意图见图 4.10-1。

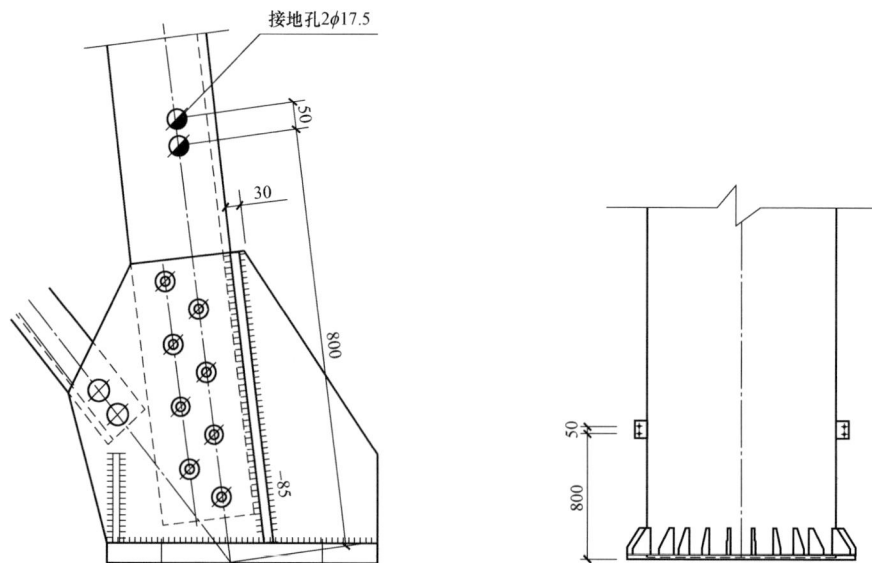

图 4.10 - 1 接地线孔位置及高度示意图

4.10.6 电缆固定

根据河南省电网 110kV 及 220kV 电缆设计及运行经验,并参考国家电网有限公司现行通用设计技术原则,本标准化设计中电缆终端杆塔电缆固定应符合以下规定:

(1)电缆终端支架、电缆固定金具等金属构件的机械强度及防腐性能应符合设计和长期安全运行的要求,且无尖锐棱角。

(2)交流单芯电缆的固定金具应采用非导磁性材料,与电缆接触面采取防磨损保护措施。

(3)电缆终端头的法兰盘下应有不小于 1m 的垂直段,且刚性固定不少于 2 处,垂直敷设或超过 45° 倾斜敷设时电缆刚性固定间距应不大于 2m,其他倾斜段电缆刚性固定间距按受力要求计算,但不得超过 10m。

(4)在电缆终端杆塔处,露出地面部分的电缆采用保护管(罩)保护,保护管(罩)高度不小于 2.5m。

4.10.7 电缆平台

参照国家电网有限公司现行通用设计技术原则中相关技术要求,结合国网郑州、洛阳地区 110kV 及 220kV 电缆运行经验和情况反馈,本标准化设计中执行以下原则:

(1)110kV 电缆终端头与避雷器的间距不小于 1250mm,220kV 电缆终端头与避雷器的间距不小于 1500mm,满足电气间隙要求。

(2)电缆平台高度根据现场需要调整,一般在 8～12m。

(3)增加护栏、围栏、警示栏等防护措施。

(4)电缆平台支撑立柱需配置基础,基础宜根据地勘报告进行设计。

4.10.8 土建部分

杆塔的设计技术原则参照国家电网有限公司现行通用设计技术原则执行。

电缆终端支架、电缆登塔平台的布置需满足《电力工程电缆设计标准》(GB 50217—2018)的规定。

参照国家电网有限公司现行通用设计技术原则中相关技术要求,本标准化设计中电缆终端杆塔场地选择应符合以下规定:

(1)电缆终端杆塔周围土层应夯实,必要时应采取土层换填、夯实,并采取可靠的排水措施。

(2)电缆终端杆塔的布置满足敷设施工作业和维护巡防活动所需空间。

(3)电缆终端杆塔平台宜设置围栏,围栏高度不宜低于 1.2m,同时满足相关规程规范中要求的最小安全净距。

(4)电缆终端杆塔平台高度应综合考虑安全防护和运行检修便利的要求,各种电气设备布置应满足带电设备电气间隙的要求。平台上根据需要安装避雷器、户外终端、支柱绝缘子等,接地箱宜安装于平台下方。

4.11 其他说明

4.11.1 脚钉安装

电缆终端塔塔身采用一侧主材角钢上安装脚钉方式,本标准化设计脚钉距地面高度约 1.5m 开始布置,脚钉统一按 400～450mm 步长配置。特殊情况下,脚钉间距可以适当调整。脚钉布置示意图见图 4.11 - 1。

电缆终端杆杆身采用单管加脚钉方式,本标准化设计爬梯距根部法兰高度统一按 2.5m 设计,脚钉统一按 350～400mm 步长配置。特殊情况下,脚钉间距可以适当调整。爬梯加工示意图见图 4.11 - 2。

4.11.2 标识牌安装

标识牌、相位牌、警示牌等的安装位置及防盗螺丝的安装高度应结合国家电网有限公司运行等相关规定执行,根据各地工程实际需要处理。但应符合标识牌安装位置的安全、适当、醒目和统一等要求。

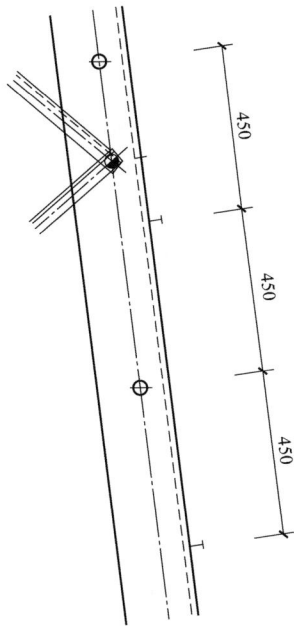

图 4.11-1　脚钉布置示意图

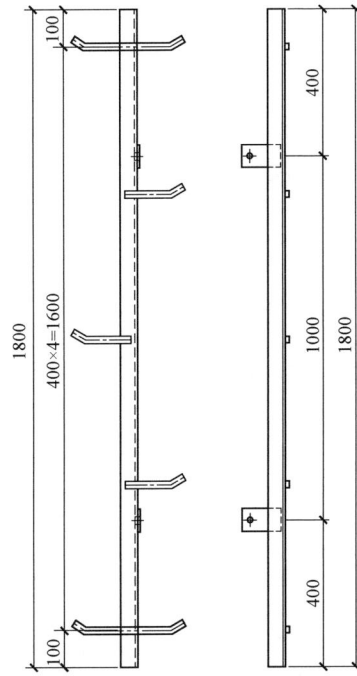

图 4.11-2　爬梯加工示意图

第5章 杆塔尺寸及结构优化

杆塔结构及外形优化的总体原则是安全可靠、结构简单、受力均衡、传力清晰、外形美观、经济合理、运维便捷、环境友好、资源节约。

5.1 杆塔优化的主要原则

在杆塔结构的优化设计中，主要遵循以下原则：

（1）结构安全可靠，合理确定边界技术条件，裕度适当。

（2）构件受力均衡，传力清晰，节点处理合理。

（3）构件结构简单，便于加工安装和运行维护。

（4）塔型布局紧凑，外型美观，尽量减少线路宽度，节约杆塔占地面积。

（5）选材经济合理，积极应用新技术、新材料和新工艺，降低杆塔材耗量，确保杆塔整体的技术性和经济性。

5.2 塔头尺寸优化

本标准化设计中电缆终端杆塔采用角钢塔型式及单杆型式，塔头的结构优化是在满足结构安全可靠和电气间隙距离的前提下，依据最新规程规范，以优化杆塔结构型式和减小线路走廊宽度为研究重点，降低杆塔的耗钢量和工程投资，实现"绿色建造"的杆塔设计目标。

1. 导地线水平间距的确定

根据式（4.5-1）可知，导线水平排列的线间距离主要受跳线绝缘子串长度和导线弧垂控制，为合理控制导线水平排列间距，本标准化设计在合理确定气象条件、导线型式参数、档距等设计技术边界条件的前提下，严格参照国家电网有限公司通用金具组装型式和绝缘子标准物资型式参数，通过间隙校验，在满足适当设计裕度的情况下，导地线水平间距经校验结果满足设计规定相关要求。

2. 导线垂直间距的确定

依据 GB 50545—2010，导线垂直线间等效水平距离，宜采用按式（4.5-2）计算结果的 75%，根据计算结果和尺寸优化，本标准化设计上、下层导线垂直距离经校验结果满足设计规定相关要求。

3. 地线与上层导线的垂直间距的确定

根据导地线线间距离配合原则和相关技术要求，本标准化设计电缆终端杆塔地线与上层导线的垂直间距经校验结果满足设计规定相关要求。

4. 地线保护角的确定

依据 GB 50545—2010 中"对于单回路，330kV 及以下线路的保护角不宜大于 15°；对于同塔多回或多回路，110kV 线路的保护角不宜大于 10°，220kV 及以上线路的保护角不宜大于 0°"的规定，本标准化设计地线对导线保护角满足设计规定相关要求。

5. 导线电气间隙圆校验

根据优化后的塔头尺寸进行导线电气三维间隙校验，校验结果应满足 GB 50545—2010 的相关要求。

5.3 杆塔结构优化

5.3.1 电缆终端杆塔结构优化的主要原则

（1）结构形式简洁，杆件受力明确，结构传力路线清晰。

（2）结构构造简单，节点处理合理，利于加工安装和运行安全。

（3）结构布置紧凑，在满足规范的前提下，尽量压缩塔头尺寸和横担长度，减少杆塔高度和线路走廊宽度。

（4）结构节间划分及构件布置合理，充分发挥构件的承载能力。

（5）选材合理，降低钢材用量，降低工程造价。

5.3.2 电缆终端杆塔头部结构的优化

（1）塔头部分的优化，主要是在满足电气间隙要求的前提下，尽量减小线路走廊宽度和杆塔受力。

（2）对于多回路杆塔，横担层数较多，塔头部分较高，塔头刚度十分重要，因此设计时在满足构件强度的同时，还应考虑头部的整体刚度和变形。

5.3.3 电缆终端杆塔塔身优化

（1）电缆终端塔塔身采用变坡设计，塔身上段便于横担的布置。塔身下段采用更大的跟开，有利于降低主材的规格，减轻塔重。

（2）110kV 及 220kV 杆塔高宽比取 4～7，塔高和跟开比不大于 10；110kV 及 220kV 杆塔塔身坡度取 0.12～0.17；荷载较大时取大值。

5.3.4 电缆终端杆塔塔身断面形式

考虑电缆终端塔的塔型及受力特点，塔身断面采用正方形，可以提高断线冲击及防串级倒塔能力。

常用的钢管截面型式有正八边形、正十二边形、正十六边形和环形截面等，本标准化设计 220kV 电缆终端杆采用正十六边形，110kV 电缆终端杆采用正十二边形。

5.3.5 电缆终端塔塔身隔面的设置优化

根据杆塔结构设计技术规定的要求：塔身变坡断面、直接受扭力的断面处和塔顶及腿部断面处应设置横隔面。在同一塔身坡度范围内，横隔面的设置间距，一般不大于平均宽度的 5 倍，也不宜大于 4 个主材分段。合理设置横隔面可加强杆塔整体刚度，对向下传递结构上部因外荷载产生的扭力、减小塔重、均衡塔身构件内力具有明显的作用。但随意增加塔身横隔面，不仅会使杆塔传力复杂，并可能引起塔重的增加。横隔面布置方式见图 5.3－1。方式 3 的隔面布置方式容易使塔身斜材产生同时受压，增加塔重。方式 1 和方式 2 的隔面布置方式：塔身不变坡区段内常用的布置形式，优化了斜材受力，加强了杆塔的整体刚度，宜优先选用。

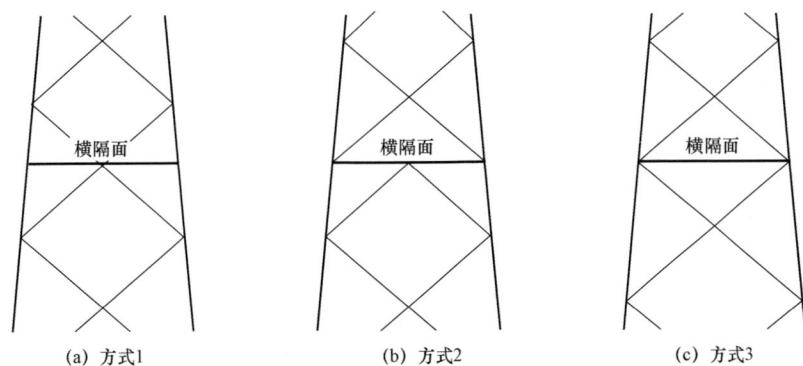

(a) 方式1   (b) 方式2   (c) 方式3

图 5.3－1　横隔面布置方式

横隔面布置注意以下两点：

（1）在满足规范要求的前提下，尽量少布置横隔面，减轻塔重。

（2）横隔面的设置应不影响杆塔的正常传力路线，避免塔身交叉才同时受压的发生。

横隔面的几何形状也对杆塔有重量较大影响，当塔身断面尺寸较小时，可采用简单的十字交叉型式；塔腿顶面处的横隔面尺寸较大，在布置时尽量减小构件的计算长度，减小构件规格，以达到降低横隔面的重量。

5.3.6 电缆终端塔主材布置及节间优化

杆塔的规划高度、塔头尺寸、塔身坡度确定后，杆塔主材节间的布置与塔身斜材的布置两者是相互关联的、相互影响的。为使主材受力均匀，降低主材的规格，主要从以下两个方面进行调整：

（1）调整主材的计算长度，当外荷载一定时，构件计算长度确定合适与否严重影响其截面的选择，直接影响塔重。

（2）通过对塔身交叉斜材的调整，使塔身交叉材不出现或少出现同时受压控制，以减小斜材规格。

（3）斜材与水平面的夹角一般取 35°～45°；斜材与主材之间夹角不小于 20°；塔腿主材与斜材夹角不小于 18°。

5.3.7 电缆终端杆结构优化

（1）《架空输电线路杆塔结构设计技术规程》（DL/T 5486—2020）要求转角和终端杆的杆顶挠度限值为 25‰。钢管杆梢径对钢管杆杆顶挠度的控制起关键性作用，在其他外形参数不变的情况下，增大钢管杆梢径尺寸，可显著提高钢管杆的整体刚度，减少杆顶位移。

（2）钢管杆所受荷载越大，弯矩包络图斜率就越大，从而需要增大钢管杆的锥度来保证其受力要求，但锥度增大势必导致根径过大，既增大耗钢量又影响美观，因此，需对杆身锥度和梢径进行多方案优化组合和综合比选，合理确定杆身锥度和梢径，在保证杆塔具有足够的强度和刚度的条件下，符合资源节约和外型美观等要求。

5.3.8 电缆终端杆塔材料选型原则

（1）Q420 及以上高强钢，经技术经济比较具有优势时应优先采用。本标准化设计钢管杆主杆材质优先选用 Q420，横担及法兰材质优先选用 Q355。

（2）对钢管塔应用范围以外的杆塔，其构件一般应采用 Q235 及以上强度的热轧角钢。角钢型号的最小厚度为 L40×3、L45×4、L50×4、L56×4、L63×4、L70×5、L75×5、L80×6、L90×7、L100×7、L110×7、L125×8、L140×10、L160×10、L180×12、L200×14。L63×5 及以上角钢规格可以采用 Q355 材质；Q420 及以上高强角钢，经技术经济比较具有优势时应优先采用。一般情况下，杆塔构件规格大于等于 L125×10（肢宽×厚度），可采用高强角钢。

第6章 主要技术特点

6.1 安全可靠性高

本标准化设计根据河南省的地形特点、气象条件、海拔情况，以输电线路电缆终端杆塔为设计出发点，结合已建线路在防污闪、防冰闪、防雷击等方面的运行经验，通过校验计算，优化杆塔外型尺寸和合理材料选择，以安全可靠、技术先进和经济合理为原则，积极谨慎地选用新型材料，合理确定安全系数、安全裕度，确保杆塔设计安全可靠，具体措施如下：

（1）严格执行最新规程、规范和国家电网有限公司相关文件技术要求，做到依据充分、引用适用、通用适用。

（2）合理确定边界技术条件，确定基本风速、覆冰厚度、导地线型号、安全系数、档距等设计参数，合理规划塔头布置、合理确定电缆终端杆塔挠度和锥度，确保技术安全可靠的同时，最大限度满足塔型的外观美观要求。

（3）综合技术、经济、加工、施工及运行维护等各个环节，谨慎地选用新型材料，确保杆塔的全寿命周期设计目标。

（4）结合河南省"十四五"经济社会和电网发展规划，结合本标准化设计按e级污秽区进行绝缘配合（要求统一爬电比距≥50.4mm/kV），确保本标准化设计的适用性和技术性要求。

6.2 适应性好

本标准化设计共包含12个子模块12种塔型，采用110kV及220kV输电线路常用的导线型号（JL3/G1A-240/30、JL3/G1A-400/35、JL3/G1A-630/45）和典型气象参数，广泛适用海拔1000m以内输电线路电力户外电缆终端，标准化设计适应性好。

6.3 杆塔规划合理

根据城区地形情况，通过调研确定档距，通过分析确定安全系数，提出杆塔设计档距、计算呼高、塔高系列等合理的方案，使得塔型设计条件更科学、经济、合理。经过计算分析，得出较为经济的导地线安全系数。

6.4 应用新技术、新材料

本标准化设计的塔型设计过程中推广采用了近年来成熟适用的新技术成果，经过多次去厂家调研并开会探讨，充分考虑防污闪、防冰闪、防风偏、防雷击、防鸟害等提高运行可靠性措施，杆塔强度综合考虑采用Q420高强钢。

6.5 合理优化塔型结构

本标准化设计中，对杆塔结构进行全面的优化，主要从横担尺寸、塔头布置、塔段连接方式、基础连接型式等方面进行合理选择并优化，使得塔型受力合理，具有更好的可靠性和经济性。

6.6 重视环境保护

全面贯彻落实科学发展观以及国家电网有限公司环境友好型的设计理念，本标准化设计重视环境保护，满足技术安全的前提下进行横担尺寸优化，进一步压缩电缆终端杆塔高度宽度及杆塔占地面积，减少房屋拆迁和树木砍伐，社会效益和环保效益显著。

6.7 设计成果

本次编制的标准化设计成果主要分为塔型图集和加工图集两部分，内容涵盖模块说明、塔型一览图、荷载计算、分段加工图。

（1）110～220kV输电线路电缆终端杆塔标准化设计图集 塔型图。

（2）110～220kV输电线路电缆终端杆塔标准化设计图集 加工图。

以上两套标准化设计图集应配套对应参照使用。

6.8 提高电网建设和运行质量和效率

本电缆终端杆塔标准化塔型的研究和应用，在提高设计质量和效率方面主要体现在以下几点：

（1）统一电缆终端杆塔设计图纸，能提高设计、评审、采购、设备加工及施工的质量和进度，有效缩短电网建设周期，提高工作效率。

（2）统一建设标准和材料规格，使电缆终端杆塔的招标更加便捷、高效，能有效提高快速抢修能力。

（3）采用标准化设计成果，在确保电网安全运行的同时，可大幅提升电网运行和维护的质量和效率。

（4）本标准化设计以资源节约、环境友好、安全可靠、技术先进和经济合理为研究理念，对电网标准化体系建设将发挥积极的推动作用。

第7章 综合效益分析

7.1 影响因素分析

本标准化设计取得较好经济效益，其主要因素如下：

（1）在塔型结构方面，对影响塔型强度的塔身材质、塔段长度等各种因素进行精心优化，经与以往同等条件塔型比较，费用投资减少 10%～15%。

（2）标准化的塔型品种多，为送电线路工程建设提供大量可供选择的指标先进的塔型，为设计人员集中精力进行设计方案优化提供保证。

（3）杆塔规划上比单个工程更完善、合理。

（4）将转角塔的角度划分进行进一步细化，降低工程整体造价。

（5）以往电缆终端杆塔设计，以大代小、单基指标不合理等情况时有发生，且没有形成统一的设计标准。本标准化设计为各设计单位提供了标准化的、通用的电缆终端杆塔标准图集。

7.2 投资效益分析

7.2.1 单基杆塔投资分析

为检验标准化设计塔型的经济先进性，将本标准化设计塔型单基指标与以往设计中所采用的杆塔以及各网省公司技术导则中的杆塔单基指标进行对比分析，电缆终端杆塔经技术经济比较，其具有造价低，占地面积少等优势，从而节约杆塔投资，充分体现资源节约型、环境友好型的设计理念。

7.2.2 实际工程杆塔投资分析

为检验整套塔型设计的经济性，利用以前已经完成施工图设计的实际工程，采用标准化的塔型重新排位，对杆塔耗材和杆塔数量进行分析比较，整个工程的钢材耗量均较原耗量有所下降，综合费用投资相比原设计节省 8%。

7.3 社会环保综合效益

标准化的推广使用可以统一电力公司的建设标准，大大节约社会资源、缩短工期、降低造价，并使采购、设计、制造和施工规范化，取得送电线路全寿命周期的效益最大化。

本标准化设计采用多种手段压缩电缆终端杆塔高度及电缆平台尺寸，节省线路通道资源。随着城镇化进程的不断推进，电缆工程将会越来越多地出现在城市基础建设中，本标准化设计的应用将会产生巨大的社会和环保效益。

第8章 标准化设计使用总体说明

8.1 标准化设计文件

本标准化设计中，主要设计内容包括设计说明、塔型使用条件、塔型一览图、荷载计算、塔型单线图、基础作用力、分段加工图等相关资料，在具体的工程设计中，可根据实际需要有选择地使用。

该标准化设计可用于基本风速 27m/s（10m 基准高）、覆冰厚度 10 mm、海拔低于 1000m 的平原地区电力户外电缆终端 110kV 及 220kV 线路的可行性研究、初步设计、施工图设计阶段。具体工程设计时，需要结合工程实际情况，选择经济、合理的塔型。

8.2 塔型选用说明

根据实际工程所处气象条件、海拔、地形情况，以及所选用导地线的规格、回路数等设计参数，在确保不超条件使用的基础上，选择相应模块塔型。

需要核对的设计参数有：

（1）实际工程所处的气象条件、海拔、地形情况等。

（2）导地线型号及安全系数、水平档距、垂直档距、转角度数。

（3）绝缘配置是否满足工程实际绝缘配置及串长要求。

（4）塔头间隙校验。

（5）杆塔荷载校验。

（6）施工架线方式。

（7）串长、挂线金具型式与挂孔是否匹配。

（8）其他因素。

8.3 塔型选型原则及注意事项

（1）《110～220kV 输电线路电缆终端杆塔标准化设计图集 塔型图》《110～220kV 输电线路电缆终端杆塔标准化设计图集 加工图》两套图集应配套对应参照使用。

（2）结合工程具体情况，选择经济、合理的塔型模块。

（3）在具体工程设计中，根据实际技术条件，选择符合技术边界条件的相关塔型。

（4）当标准化设计塔型中没有完全匹配使用条件的模块时，可按就近的原则并经校验后代用，或选用标准图集以外的其他杆塔型式。

（5）严禁未经验算或超条件使用本标准化设计塔型。

9.1 220kV 输电线路电缆终端杆塔子模块设计

按照设计要求，220kV 输电线路电缆终端杆塔子模块为海拔 1000m 以下的平原地区，基本风速 27m/s，导线为 2×JL3/G1A－400/35、2×JL3/G1A－630/45，地线为 JLB20A－150 的单、双回路角钢塔及钢管杆。单回路杆塔塔头呈干字型布置，双回路杆塔塔头呈鼓形布置，本模块共包含 220－GC21D－DL、220－GC21S－DL、220－HC21D－DL、220－HC21S－DL、220－GC21GD－DL、220－GC21GS－DL、220－HC21GD－DL、220－HC21GS－DL 八种电缆终端杆塔型，塔型一览图见图 9.1－1。

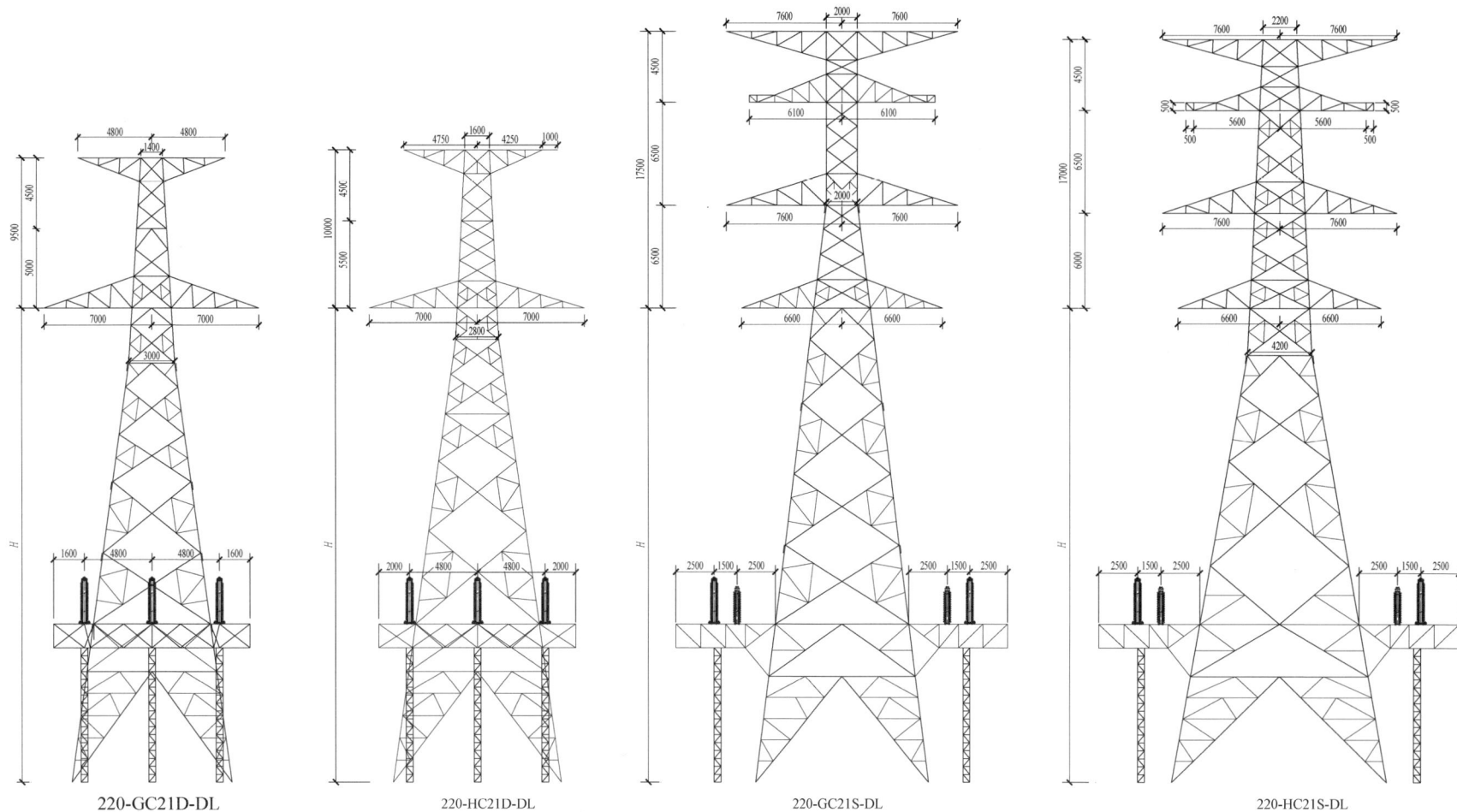

图 9.1－1 220kV 输电线路电缆终端塔塔型一览图（一）

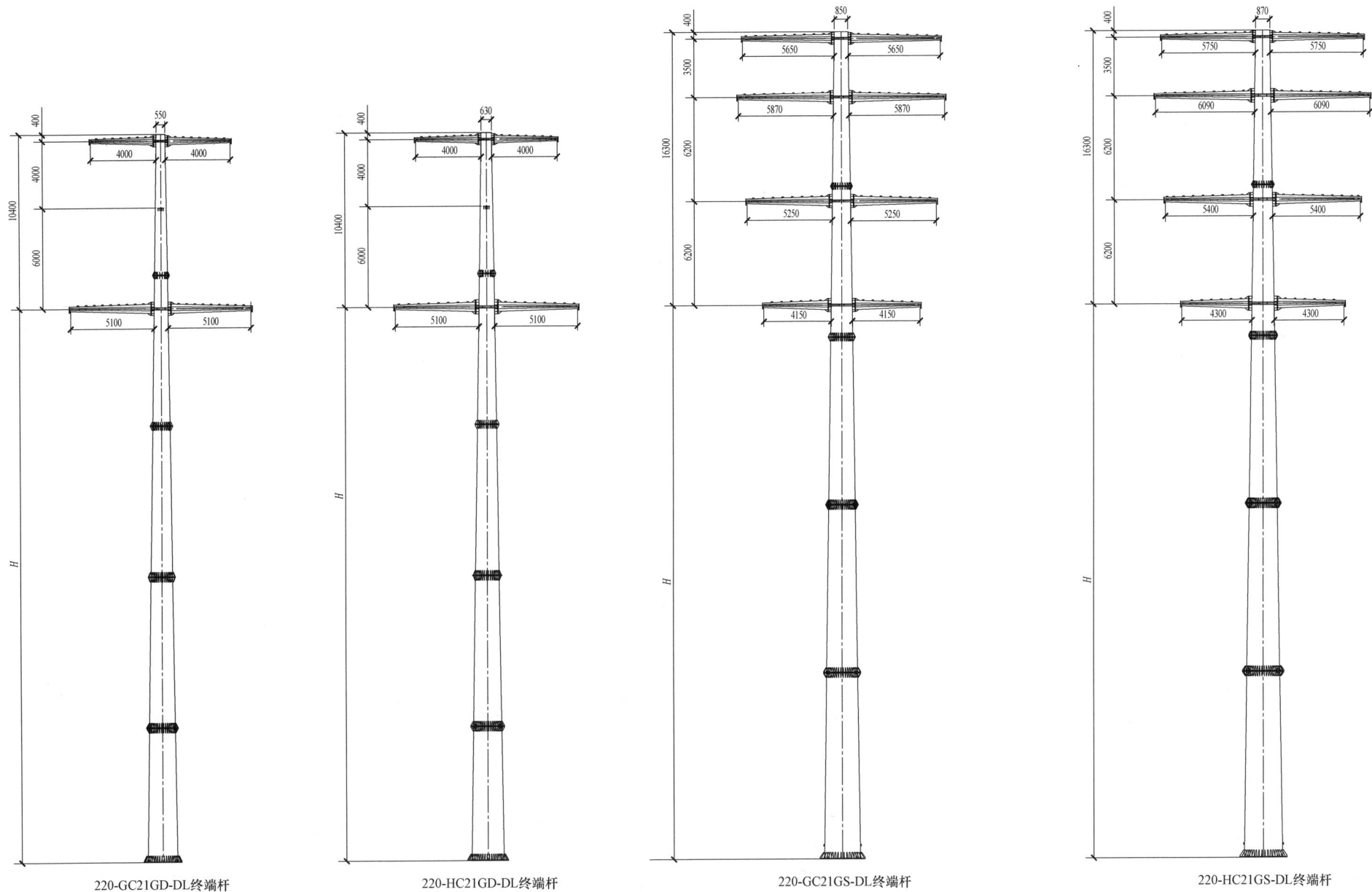

图 9.1－1 220kV 输电线路电缆终端杆塔型一览图（二）

220-GC21GD-DL终端杆

220-HC21GD-DL终端杆

220-GC21GS-DL终端杆

220-HC21GS-DL终端杆

9.2 220kV 输电线路电缆终端杆塔子模块说明

（1）220kV 输电线路电缆终端杆塔子模块为海拔 1000m 以内、基本风速 27m/s（10m 基准高）、覆冰厚度 10mm，导线 2×JL3/G1A－630/45、2×JL3/G1A－400/35 的角钢塔及钢管杆，地线采用 JLB20A－150。220kV 输电线路电缆终端杆塔子模块适用于单回路及双回路塔型，共计 8 种塔型。

（2）220kV 输电线路电缆终端杆塔子模块的气象条件、杆塔设计条件、杆塔质量及基础作用力分别见表 9.2－1～表 9.2－4。

表 9.2－1　　220kV 输电线路电缆终端杆子模块的气象条件

项目	气温（℃）	风速（m/s）	覆冰厚度（mm）
最高温度	40	0	0
最低温度	－20	0	0
覆冰	－5	10	10
最大风速	－5	27	0
安装情况	－10	10	0
年平均气温	15	0	0
雷电过电压	15	10	0
操作过电压	15	15	0
带电作业	15	10	0

表 9.2－2　　220kV 输电线路电缆终端杆子模块的杆塔设计条件

塔型编号	呼高范围（m）	水平档距（m）	垂直档距（m）	允许转角（°）
220－GC21D－DL	18～30	300	350	0
220－GC21S－DL	18～30	300	350	0
220－HC21D－DL	18～30	300	350	0
220－HC21S－DL	18～30	300	350	0
220－GC21GD－DL	21～33	200	250	0
220－GC21GS－DL	21～33	200	250	0
220－HC21GD－DL	21～33	200	250	0
220－HC21GS－DL	21～33	200	250	0

表 9.2－3　　220kV 输电线路电缆终端杆子模块的杆塔质量及基础作用力（角钢塔）　（kN）

塔型编号	允许转角（°）	塔型质量范围（kg）	基础作用力范围					
			T_{MAX}	T_X	T_y	N_{MAX}	N_x	N_y
220－GC21D－DL	0	22010.3～26803.4	700～734	102～110	102～112	826～990	120～146	127～138
220－GC21S－DL	0	39786.0～46856.9	827～858	125～134	132～139	974～1143	147～175	160～171
220－HC21D－DL	0	25182.9～31045.8	1064～1233	146～169	173～191	1457～1633	202～227	216～239
220－HC21S－DL	0	43130.4～52529.0	1147～1262	207～233	217～241	1648～1690	285～315	285～312

表 9.2－4　　220kV 输电线路电缆终端杆子模块的杆塔质量及基础作用力（钢管杆）　（kN）

塔型编号	允许转角（°）	塔型质量范围（kg）	基础作用力范围		
			水平力（kN）	垂直力（kN）	最大弯矩（kN·m）
220－GC21GD－DL	0	24283.9～31679.3	231.98～236.08	371.54～459.42	6382.29～9329.65
220－GC21GS－DL	0	45261.18～56409.58	377.92～385.83	691.13～848.61	11557.61～16480.51
220－HC21GD－DL	0	26543.64～35200.44	294.74～299.39	428.82～529.84	7831.82～11557.16
220－HC21GS－DL	0	50344.5～64145.2	503.68～511.83	792.28～974.25	15118.59～21586.73

9.3　220－GC21D－DL 单回路电缆终端塔

9.3.1　设计条件（见表 9.3－1～表 9.3－3）

表 9.3－1　　　　　　导地线型号及张力取值

基本参数	型号	最大使用张力（N）	断线不平衡张力取值（%）	覆冰不平衡张力取值（%）
导线	2×JL3/G1A－400/35	2×39406	70	30
地线	JLB20A－150	41884	100	40

表 9.3－2　　　　　塔　型　使　用　条　件

使用条件	水平档距（m）	垂直档距（m）	代表档距（m）	转角度数（°）	计算呼高（m）	K_V 系数
数值	300	350	0/300	0	30	—

表 9.3 – 3　　　　　　荷 载 一 览 表　　　　　　（N）

项目		正常运行情况			事故情况		安装情况	不均匀冰
		基本风速	覆冰	最低气温	未断线	断线		
t（℃）/v（m/s）/b（mm）		−5/27/0	−5/10/10	−40/0/0	−5/0/10	−5/0/10	−10/10/0	−5/10/10
水平荷载	导线	10630	3055	0	0	0	1458	3055
	绝缘子及金具	950	156	0	0	0	130	156
	跳线串	532	88	0	0	0	73	88
	地线	3744	1787	0	0	0	514	1787
垂直荷载	导线	9250	16393	9250	16393	16393	9250	16393
	绝缘子及金具	5680	6532	5680	6532	6532	5680	6532
	跳线串	1349	1552	1349	1552	1552	1349	1552
	地线	3409	7893	3409	7893	7893	3409	7893
张力	导线 一侧	0	0	0	55152	0	0	
	导线 另一侧	59266	73885	64260	55152	55152	53027	
	导线 张力差	59266	73885	64260	0	55152	53027	23637
	地线 一侧	0	0	0	44089	0	0	
	地线 另一侧	38119	48395	44089	44089	44089	38143	
	地线 张力差	38119	48395	44089	0	44089	38143	17636

9.3.2　基础尺寸及作用力（见表9.3 – 4 和表9.3 – 5）

表 9.3 – 4　　　　　　跟 开 尺 寸　　　　　　（mm）

呼高（m）	基础跟开		地脚螺栓根开		地脚螺栓规格（强度等级）
	正面跟开	侧面跟开	正面跟开	侧面跟开	
18	7100	7100	290	290	4M48（5.6级）
24	8780	8780	290	290	4M48（5.6级）
30	10460	10460	290	290	4M48（5.6级）

表 9.3 – 5　　　　　　基 础 作 用 力　　　　　　（kN）

呼高（m）	T_{MAX}	T_X	T_y	N_{MAX}	N_x	N_y
18	722.24	101.50	101.86	945.57	134.11	132.19
24	700.42	102.93	111.83	826.08	120.42	126.51
30	736.95	110.31	106.09	989.77	146.38	138.49

9.4　220 – GC21S – DL 双回路电缆终端塔

9.4.1　设计条件（见表 9.4 – 1～表 9.4 – 3）

表 9.4 – 1　　　　　　导地线型号及张力取值

基本参数	型号	最大使用张力（N）	断线不平衡张力取值（%）	覆冰不平衡张力取值（%）
导线	2×JL3/G1A – 400/35	2×39406	70	30
地线	JLB20A – 150	41884	100	40

表 9.4 – 2　　　　　　塔 型 使 用 条 件

使用条件	水平档距（m）	垂直档距（m）	代表档距（m）	转角度数（°）	计算呼高（m）	K_V 系数
数值	300	350	0/300	0	30	—

表 9.4 – 3　　　　　　荷 载 一 览 表　　　　　　（N）

项目		正常运行情况			事故情况		安装情况	不均匀冰
		基本风速	覆冰	最低气温	未断线	断线		
t（℃）/v（m/s）/b（mm）		−5/27/0	−5/10/10	−40/0/0	−5/0/10	−5/0/10	−10/10/0	−5/10/10
水平荷载	导线	10630	3055	0	0	0	1458	3055
	绝缘子及金具	950	156	0	0	0	130	156
	跳线串	532	88	0	0	0	73	88
	地线	3957	1888	0	0	0	543	1888
垂直荷载	导线	9250	16393	9250	16393	16393	9250	16393
	绝缘子及金具	5680	6532	5680	6532	6532	5680	6532
	跳线串	1349	1552	1349	1552	1552	1349	1552
	地线	3409	7893	3409	7893	7893	3409	7893

项目		正常运行情况			事故情况		安装情况	不均匀冰
		基本风速	覆冰	最低气温	未断线	断线		
张力	导线 一侧	0	0	0	55152	0	0	
	导线 另一侧	59266	73885	64260	55152	55152	53027	
	导线 张力差	59266	73885	64260	0	55152	53027	23637
	地线 一侧	0	0	0	44089	0	0	
	地线 另一侧	38119	48395	44089	44089	44089	38143	
	地线 张力差	38119	48395	44089	0	44089	38143	17636

9.4.2 基础尺寸及作用力（见表9.4-4和表9.4-5）

表9.4-4　跟 开 尺 寸　（mm）

呼高（m）	基础跟开		地脚螺栓根开		地脚螺栓规格（强度等级）
	正面跟开	侧面跟开	正面跟开	侧面跟开	
18	8378	8378	370	370	4M64（5.6级）
24	9935	9935	370	370	4M64（5.6级）
30	11492	11492	370	370	4M64（5.6级）

表9.4-5　基 础 作 用 力　（kN）

呼高（m）	T_{MAX}	T_x	T_y	N_{MAX}	N_x	N_y
18	1064.29	145.98	172.89	1524.31	207.76	229.30
24	1232.94	169.05	191.42	1457.37	201.64	216.09
30	1153.26	160.75	179.74	1633.27	226.92	239.06

9.5　220-HC21D-DL 单回路电缆终端塔

9.5.1　设计条件（见表9.5-1～表9.5-3）

表9.5-1　导地线型号及张力取值

基本参数	型号	最大使用张力（N）	断线不平衡张力取值（%）	覆冰不平衡张力取值（%）
导线	2×JL3/G1A-630/45	2×57076	70	30
地线	JLB20A-150	41884	100	40

表9.5-2　塔 型 使 用 条 件

使用条件	水平档距（m）	垂直档距（m）	代表档距（m）	转角度数（°）	计算呼高（m）	K_v系数
数值	300	350	0/300	0	30	—

表9.5-3　荷 载 一 览 表　（N）

项目		正常运行情况			事故情况		安装情况	不均匀冰
		基本风速	覆冰	最低气温	未断线	断线		
	t（℃）/v（m/s）/b（mm）	-5/27/0	-5/10/10	-40/0/0	-5/0/10	-5/0/10	-10/10/0	-5/10/10
水平荷载	导线	13406	3512	0	0	0	1839	3512
	绝缘子及金具	950	156	0	0	0	130	156
	跳线串	532	88	0	0	0	73	88
	地线	3759	1794	0	0	0	516	1794
垂直荷载	导线	14273	22774	14273	22774	22774	14273	22774
	绝缘子及金具	5680	6532	5680	6532	6532	5680	6532
	跳线串	1349	1552	1349	1552	1552	1349	1552
	地线	3409	7893	3409	7893	7893	3409	7893
张力	导线 一侧	0	0	0	80039	0	0	
	导线 另一侧	82242	101024	92194	80039	80039	76587	
	导线 张力差	82242	101024	92194	0	80039	76587	34303
	地线 一侧	0	0	0	44089	0	0	
	地线 另一侧	38119	48395	44089	44089	44089	38143	
	地线 张力差	38119	48395	44089	0	44089	38143	17636

9.5.2　基础尺寸及作用力（见表9.5-4和表9.5-5）

表9.5-4　跟 开 尺 寸　（mm）

呼高（m）	基础跟开		地脚螺栓根开		地脚螺栓规格（强度等级）
	正面跟开	侧面跟开	正面跟开	侧面跟开	
18	7480	7480	330	330	4M56（5.6级）
24	9210	9210	330	330	4M56（5.6级）
30	10950	10950	330	330	4M56（5.6级）

表9.5－5		基 础 作 用 力					（kN）
呼高（m）	T_{MAX}	T_X	T_y	N_{MAX}	N_x	N_y	
18	836.61	125.45	131.63	1087.24	163.45	167.89	
24	826.88	126.10	139.29	973.95	147.49	160.47	
30	857.51	133.97	133.12	1143.29	175.03	170.79	

9.6 220－HC21S－DL 双回路电缆终端塔

9.6.1 设计条件（见表9.6－1～表9.6－3）

项目		正常运行情况			事故情况		安装情况	不均匀冰
		基本风速	覆冰	最低气温	未断线	断线		
张力	导线 一侧	0	0	0	80039	0	0	
	另一侧	82242	101024	92194	80039	80039	76587	
	张力差	82242	101024	92194	0	80039	76587	34303
	地线 一侧	0	0	0	44089	0	0	
	另一侧	38119	48395	44089	44089	44089	38143	
	张力差	38119	48395	44089	0	44089	38143	17636

表9.6－1　　　　导地线型号及张力取值

基本参数	型号	最大使用张力（N）	断线不平衡张力取值（%）	覆冰不平衡张力取值（%）
导线	2×JL3/G1A－630/45	2×57076	70	30
地线	JLB20A－150	41884	100	40

表9.6－2　　　　塔 型 使 用 条 件

使用条件	水平档距（m）	垂直档距（m）	代表档距（m）	转角度数（°）	计算呼高（m）	K_V系数
数值	300	350	0/300	0	30	—

表9.6－3　　　　荷 载 一 览 表　　　　（N）

项目		正常运行情况			事故情况		安装情况	不均匀冰
		基本风速	覆冰	最低气温	未断线	断线		
t（℃）/v（m/s）/b（mm）		－5/27/0	－5/10/10	－40/0/0	－5/0/10	－5/0/10	－10/10/0	－5/10/10
水平荷载	导线	13406	3512	0	0	0	1839	3512
	绝缘子及金具	950	156	0	0	0	130	156
	跳线串	532	88	0	0	0	73	88
	地线	3945	1882	0	0	0	541	1882
垂直荷载	导线	14273	22774	14273	22774	22774	14273	22774
	绝缘子及金具	5680	6532	5680	6532	6532	5680	6532
	跳线串	1349	1552	1349	1552	1552	1349	1552
	地线	3409	7893	3409	7893	7893	3409	7893

9.6.2 基础尺寸及作用力（见表9.6－4和表9.6－5）

表9.6－4　　　　跟 开 尺 寸　　　　（mm）

呼高（m）	基础跟开		地脚螺栓根开		地脚螺栓规格（强度等级）
	正面跟开	侧面跟开	正面跟开	侧面跟开	
18	9679	9679	370	370	4M64（5.6级）
24	11850	11850	370	370	4M64（5.6级）
30	14022	14022	370	370	4M64（5.6级）

表9.6－5　　　　基 础 作 用 力　　　　（kN）

呼高（m）	T_{MAX}	T_X	T_y	N_{MAX}	N_x	N_y
18	1146.59	207.05	216.86	1648.08	300.71	303.20
24	1261.86	233.04	240.63	1549.05	284.77	284.81
30	1149.74	215.82	221.80	1690.21	315.30	312.10

9.7 220－GC21GD－DL 单回路电缆终端杆

9.7.1 设计条件（见表9.7－1～表9.7－3）

表9.7－1　　　　导地线型号及张力取值

基本参数	型 号	最大使用张力（N）	断线不平衡张力取值（%）	覆冰不平衡张力取值（%）
导线	2×JL3/G1A－400/35	2×16419	70	30
地线	JLB20A－150	23560	100	40

表9.7-2　　　　塔型使用条件

使用条件	水平档距（m）	垂直档距（m）	代表档距（m）	转角度数（°）	计算呼高（m）	K_V系数
数值	200	250	0/200	0°	33	—

表9.7-3　　　　荷载一览表　　　　（N）

项目		正常运行情况			事故情况		安装情况	不均匀冰
		基本风速	覆冰	最低气温	未断线	断线		
t（℃）/v（m/s）/b（mm）		−5/27/0	−5/10/10	−40/0/0	−5/0/10	−5/0/10	−10/10/0	−5/10/10
水平荷载	导线	9223	2651	0	0	0	1265	2651
	绝缘子及金具	978	161	0	0	0	134	161
	跳线串	0	0	0	0	0	0	0
	地线	3237	1545	0	0	0	444	1545
垂直荷载	导线	7929	14051	7929	14051	14051	7929	14051
	绝缘子及金具	4703	5409	4703	5409	5409	4703	5409
	跳线串	0	0	0	0	0	0	0
	地线	3063	6937	3063	6937	6937	3063	6937
张力	导线 一侧	0	0	0	0	0	0	
	另一侧	23573	32829	20215	22980	22980	21762	
	张力差	23573	32829	20215	0	0	21762	0
	地线 一侧	0	0	0	0	0	0	
	另一侧	18209	30267	20434	24800	24800	18458	
	张力差	18209	30267	20434	0	0	18458	0

9.7.2　基础尺寸及作用力（见表9.7-4和表9.7-5）

表9.7-4　　　　跟开尺寸　　　　（mm）

呼高（m）	根径	地脚螺栓分布圆直径	地脚螺栓规格（强度等级）
21	1491	1750	24M72（8.8级）
27	1670	1950	24M72（8.8级）
33	1850	2150	28M72（8.8级）

表9.7-5　　　　基础作用力

呼高（m）	水平力（kN）	垂直力（kN）	最大弯矩（kN·m）
21	231.98	371.54	6382.29
27	233.72	414.87	7832.54
33	236.08	459.42	9329.65

9.8　220-GC21GS-DL 双回路电缆终端杆

9.8.1　设计条件（见表9.8-1～表9.8-3）

表9.8-1　　　　导地线型号及张力取值

基本参数	型号	最大使用张力（N）	断线不平衡张力取值（%）	覆冰不平衡张力取值（%）
导线	2×JL3/G1A-400/35	2×16419	70	30
地线	JLB20A-150	23560	100	40

表9.8-2　　　　塔型使用条件

使用条件	水平档距（m）	垂直档距（m）	代表档距（m）	转角度数（°）	计算呼高（m）	K_V系数
数值	200	250	0/200	0°	33	—

表9.8-3　　　　荷载一览表　　　　（N）

项目		正常运行情况			事故情况		安装情况	不均匀冰
		基本风速	覆冰	最低气温	未断线	断线		
t（℃）/v（m/s）/b（mm）		−5/27/0	−5/10/10	−40/0/0	−5/0/10	−5/0/10	−10/10/0	−5/10/10
水平荷载	导线	9223	2651	0	0	0	1265	2651
	绝缘子及金具	978	161	0	0	0	134	161
	跳线串	1520	250	0	0	0	209	250
	地线	3365	1605	0	0	0	462	1605
垂直荷载	导线	7929	14051	7929	14051	14051	7929	14051
	绝缘子及金具	4703	5409	4703	5409	5409	4703	5409
	跳线串	1245	1432	1245	1432	1432	1245	1432
	地线	3063	6937	3063	6937	6937	3063	6937

项目		正常运行情况			事故情况		安装情况	不均匀冰
		基本风速	覆冰	最低气温	未断线	断线		
张力	导线 一侧	0	0	0	0	0	0	
	导线 另一侧	23573	32829	20215	22980	22980	21762	
	导线 张力差	23573	32829	20215	0	0	21762	0
	地线 一侧	0	0	0	0	0	0	
	地线 另一侧	18209	30267	20434	24800	24800	18458	
	地线 张力差	18209	30267	20434	0	0	18458	0

9.8.2 基础尺寸及作用力（见表9.8-4和表9.8-5）

表9.8-4 跟开尺寸 （mm）

呼高（m）	根径	地脚螺栓分布圆直径	地脚螺栓规格（强度等级）
21	1887	2150	32M72（8.8级）
27	2053	2400	36M72（8.8级）
33	2220	2550	40M72（8.8级）

表9.8-5 基础作用力

呼高（m）	水平力（kN）	垂直力（kN）	最大弯矩（kN.m）
21	377.92	691.13	11557.61
27	381.35	760.38	13959.45
33	385.83	848.61	16480.51

9.9 220-HC21GD-DL 单回路电缆终端杆

9.9.1 设计条件（见表9.9-1～表9.9-3）

表9.9-1 导地线型号及张力取值

基本参数	型号	最大使用张力（N）	断线不平衡张力取值（%）	覆冰不平衡张力取值（%）
导线	2×JL3/G1A-630/45	2×23782	70	30
地线	JLB20A-150	23560	100	40

表9.9-2 塔型使用条件

使用条件	水平档距（m）	垂直档距（m）	代表档距（m）	转角度数（°）	计算呼高（m）	K_V系数
数值	200	250	0/200	0°	33	—

表9.9-3 荷载一览表 （N）

项目		正常运行情况			事故情况		安装情况	不均匀冰
		基本风速	覆冰	最低气温	未断线	断线		
	t（℃）/v（m/s）/b（mm）	-5/27/0	-5/10/10	-40/0/0	-5/0/10	-5/0/10	-10/10/0	-5/10/10
水平荷载	导线	11632	3048	0	0	0	1596	3048
	绝缘子及金具	978	161	0	0	0	134	161
	跳线串	0	0	0	0	0	0	0
	地线	3237	1545	0	0	0	444	1545
垂直荷载	导线	12234	19521	12234	19521	19521	12234	19521
	绝缘子及金具	5680	6532	5680	6532	6532	5680	6532
	跳线串	0	0	0	0	0	0	0
	地线	3063	6937	3063	6937	6937	3063	6937
张力	导线 一侧	0	0	0	0	0	0	
	导线 另一侧	35283	47643	32853	33350	33350	35002	
	导线 张力差	35283	47643	32853	0	0	35002	0
	地线 一侧	0	0	0	0	0	0	
	地线 另一侧	18209	30267	20434	24800	24800	18458	
	地线 张力差	18209	30267	20434	0	0	18458	0

9.9.2 基础尺寸及作用力（见表9.9-4和表9.9-5）

表9.9-4 跟开尺寸 （mm）

呼高（m）	根径	地脚螺栓分布圆直径	地脚螺栓规格（强度等级）
21	1610	1870	28M72（8.8级）
27	1798	2060	28M72（8.8级）
33	1985	2300	32M72（8.8级）

表 9.9-5　基 础 作 用 力

呼 高（m）	水平力（kN）	垂直力（kN）	最大弯矩（kN·m）
21	294.74	428.82	7831.82
27	296.85	472.13	9675.4
33	299.39	529.84	11557.16

9.10　220-HC21GS-DL 双回路电缆终端杆

9.10.1　设计条件（见表 9.10-1～表 9.10-3）

表 9.10-1　导地线型号及张力取值

基本参数	型号	最大使用张力（N）	断线不平衡张力取值（%）	覆冰不平衡张力取值（%）
导线	2×JL3/G1A-630/45	2×23782	70	30
地线	JLB20A-150	23560	100	40

表 9.10-2　塔 型 使 用 条 件

使用条件	水平档距（m）	垂直档距（m）	代表档距（m）	转角度数（°）	计算呼高（m）	K_v 系数
数值	200	250	0/200	0°	33	—

表 9.10-3　荷 载 一 览 表　（N）

项目		正常运行情况			事故情况		安装情况	不均匀冰
		基本风速	覆冰	最低气温	未断线	断线		
t（℃）/v（m/s）/b（mm）		-5/27/0	-5/10/10	-40/0/0	-5/0/10	-5/0/10	-10/10/0	-5/10/10
水平荷载	导线	11632	3048	0	0	0	1596	3048
	绝缘子及金具	978	161	0	0	0	134	161
	跳线串	1520	250	0	0	0	209	250
	地线	3365	1605	0	0	0	462	1605

项目			正常运行情况			事故情况		安装情况	不均匀冰
			基本风速	覆冰	最低气温	未断线	断线		
垂直荷载	导线		12234	19521	12234	19521	19521	12234	19521
	绝缘子及金具		5680	6532	5680	6532	6532	5680	6532
	跳线串		1245	1432	1245	1432	1432	1245	1432
	地线		3063	6937	3063	6937	6937	3063	6937
张力	导线	一侧	0	0	0	0	0	0	
		另一侧	35283	47643	32853	33350	33350	35002	
		张力差	35283	47643	32853	0	0	35002	0
	地线	一侧	0	0	0	0	0	0	
		另一侧	18209	30267	20434	24800	24800	18458	
		张力差	18209	30267	20434	0	0	18458	0

9.10.2　基础尺寸及作用力（见表 9.10-4 和表 9.10-5）

表 9.10-4　跟 开 尺 寸　（mm）

呼高（m）	根径	地脚螺栓分布圆直径	地脚螺栓规格（强度等级）
21	1990	2260	32M80（8.8级）
27	2170	2460	36M80（8.8级）
33	2350	2660	40M80（8.8级）

表 9.10-5　基 础 作 用 力

呼高（m）	水平力（kN）	垂直力（kN）	最大弯矩（kN·m）
21	503.68	792.28	15118.59
27	507.35	874.43	18297.17
33	511.83	974.25	21586.73

10.1 110kV 输电线路电缆终端杆塔子模块设计

按照设计要求，110kV 输电线路电缆终端杆塔子模块为海拔 1000m 以下的平原地区，基本风速 27m/s，导线为 2×JL3/G1A−240/30，地线为 JLB20A−100 的单、双回路角钢塔及钢管杆。单回路杆塔塔头呈干字型布置，双回路杆塔塔头呈鼓形布置，本模块共包含 110−EC21D−DL、110−EC21S−DL、110−EC21GD−DL、110−EC21GS−DL 四种电缆终端杆塔型，塔型一览图见图 10.1−1。

10.2 110kV 输电线路电缆终端杆塔子模块说明

（1）110kV 输电线路电缆终端杆塔子模块为海拔 1000m 以内、设计基本风速 27m/s（离地 10m）、覆冰厚度 10mm，导线 2×JL3/G1A−240/30 的杆塔及钢管杆，地线采用 JLB20A−100。110kV 输电线路电缆终端杆塔子模块适用于单回路及双回路塔型，共计 4 种塔型。

（2）110kV 输电线路电缆终端杆子模块的气象条件、杆塔设计条件、杆塔质量及基础作用力分别见表 10.2−1～表 10.2−4。

表 10.2−1 110kV 输电线路电缆终端杆子模块的气象条件

项目	气温（℃）	风速（m/s）	覆冰厚度（mm）
最高温度	40	0	0
最低温度	−20	0	0
覆冰	−5	10	10
最大风速	−5	27	0
安装情况	−10	10	0
年平均气温	15	0	0
雷电过电压	15	10	0
操作过电压	15	15	0
带电作业	15	10	0

表 10.2−2 110kV 输电线路电缆终端子模块的杆塔设计条件

塔型编号	呼高范围（m）	水平档距（m）	垂直档距（m）	允许转角（°）
110−EC21D−DL	18～24	250	300	0
110−EC21S−DL	18～24	250	300	0
110−EC21GD−DL	18～30	150	200	0
110−EC21GS−DL	18～30	150	200	0

表 10.2−3 110kV 输电线路电缆终端子模块的杆塔质量及基础作用力（角钢塔） （kN）

塔型编号	允许转角（°）	塔型质量范围（kg）	基础作用力范围					
			T_{MAX}	T_X	T_y	N_{MAX}	N_x	N_y
110−EC21D−DL	0	12374.1～14459.8	708～728	85～88	92～93	771～799	91～96	100～102
110−EC21S−DL	0	25360.2～29302.98	1177～1206	141～144	162～163	1315～1361	165～169	171～174

表 10.2−4 110kV 输电线路电缆终端杆子模块的杆塔质量及基础作用力（钢管杆） （kN）

塔型编号	允许转角（°）	塔型重量范围（kg）	基础作用力范围		
			水平力（kN）	垂直力（kN）	最大弯矩（kN·m）
110−EC21GD−DL	0	13311.6～19302.7	148.3～151.8	137.9～208.6	3177.1～5060.6
110−EC21GS−DL	0	23427.0～33454.2	180.0～183.1	184.6～271.6	4186.1～6440.9

10.3 110−EC21D−DL 单回路电缆终端塔

10.3.1 设计条件（见表 10.3−1～表 10.3−3）

表 10.3−1 导地线型号及张力取值

基本参数	型号	最大使用张力（N）	断线不平衡张力取值（%）	覆冰不平衡张力取值（%）
导线	2×JL3/G1A−240/30	2×28572	70	30
地线	JLB20A−100	28894	100	40

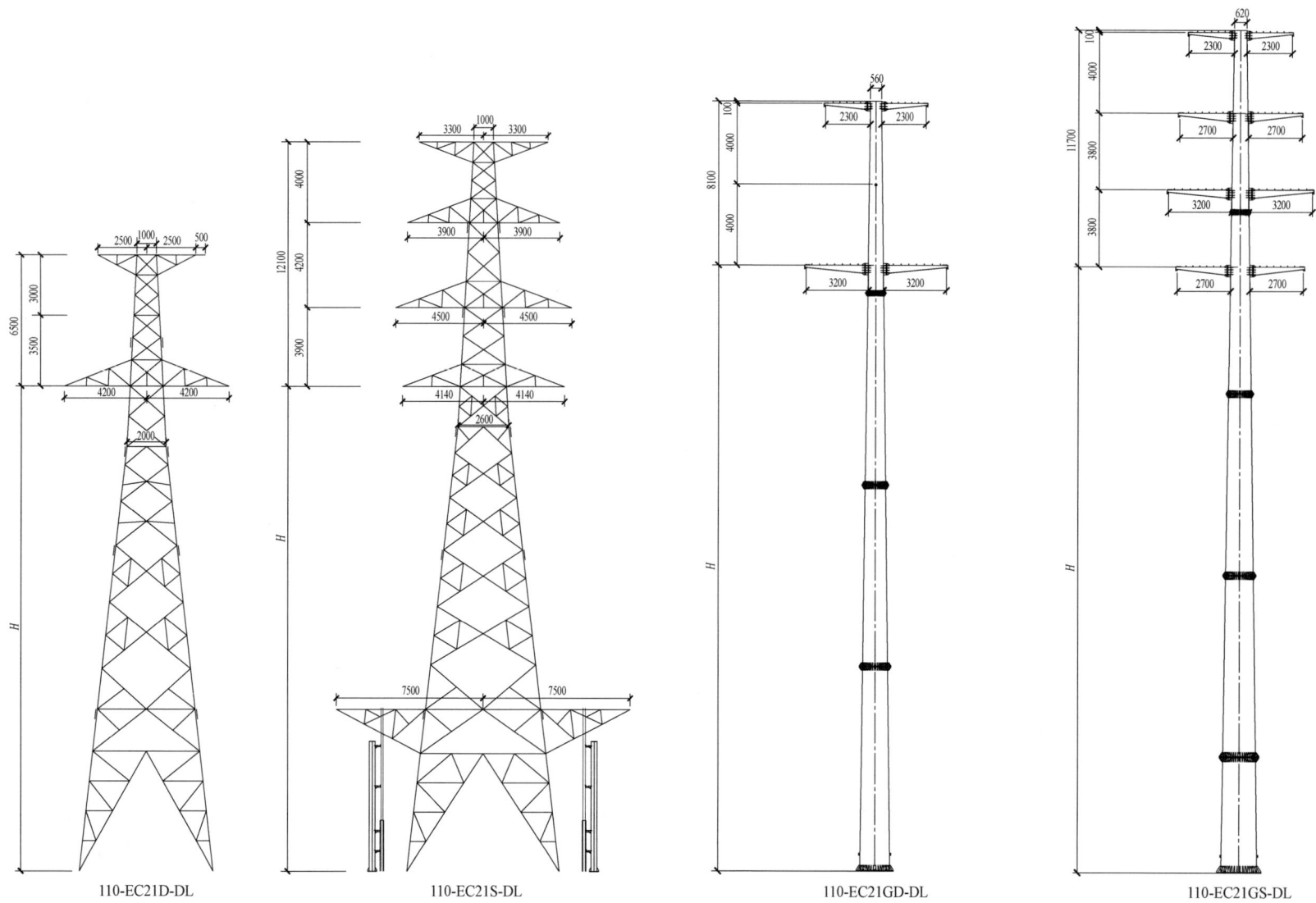

110-EC21D-DL

110-EC21S-DL

110-EC21GD-DL

110-EC21GS-DL

图 10.1－1　110kV 输电线路电缆终端杆塔塔型一览图

使用条件	水平档距（m）	垂直档距（m）	代表档距（m）	转角度数（°）	计算呼高（m）	K_V系数
数值	250	300	0/250	0	24	—

表 10.3－3　　　荷 载 一 览 表　　　　（N）

项目		正常运行情况			事故情况		安装情况	不均匀冰
		基本风速	覆冰	最低气温	未断线	断线		
t（℃）/v（m/s）/b（mm）		－5/27/0	－5/10/10	－40/0/0	－5/0/10	－5/0/10	－10/10/0	－5/10/10
水平荷载	导线	6753	2141	0	0	0	926	2141
	绝缘子及金具	59	10	0	0	0	8	10
	跳线串	370	61	0	0	0	51	61
	地线	2402	1308	0	0	0	330	1308
垂直荷载	导线	5417	10675	5417	10675	10675	5417	10675
	绝缘子及金具	881	1013	881	1013	1013	881	1013
	跳线串	1192	1371	1192	1371	1371	1192	1371
	地线	2154	5684	2154	5684	5684	2154	5684
张力	导线 一侧	46501	57144	54577	40001	40001	53650	
	导线 另一侧	0	0	0	0	0	0	
	导线 张力差	46501	57144	54577	40001	40001	53650	33724
	地线 一侧	20114	28928	22777	28928	28928	22434	
	地线 另一侧	0	0	0	0	0	0	
	地线 张力差	20114	28928	22777	28928	28928	22434	16111

10.3.2　基础尺寸及作用力（见表 10.3－4 和表 10.3－5）

表 10.3－4　　　根 开 尺 寸　　　　（mm）

呼高（m）	基础根开		地脚螺栓根开		地脚螺栓规格（强度等级）
	正面根开	侧面根开	正面根开	侧面根开	
18	5480	5480	320	320	4M56（5.6级）
24	6860	6860	320	320	4M56（5.6级）

表 10.3－5　　　基 础 作 用 力　　　　（kN）

呼高（m）	T_{MAX}	T_x	T_y	N_{MAX}	N_x	N_y
18	706.93	83.95	91.19	770.41	91.12	99.34
24	725.69	85.95	92.69	798.28	94.06	100.64

10.4　110－EC21S－DL 双回路电缆终端塔

10.4.1　设计条件（见表 10.4－1～表 10.4－3）

表 10.4－1　　　导地线型号及张力取值

基本参数	型号	最大使用张力（N）	断线不平衡张力取值（%）	覆冰不平衡张力取值（%）
导线	2×JL3/G1A－240/30	2×28572	70	30
地线	JLB20A－100	28894	100	40

表 10.4－2　　塔 型 使 用 条 件

使用条件	水平档距（m）	垂直档距（m）	代表档距（m）	转角度数（°）	计算呼高（m）	K_V系数
数值	250	300	0/250	0	24	—

表 10.4－3　　　荷 载 一 览 表　　　　（N）

项目		正常运行情况			事故情况		安装情况	不均匀冰
		基本风速	覆冰	最低气温	未断线	断线		
t（℃）/v（m/s）/b（mm）		－5/27/0	－5/10/10	－40/0/0	－5/0/10	－5/0/10	－10/10/0	－5/10/10
水平荷载	导线	6753	2141	0	0	0	926	2141
	绝缘子及金具	379	62	0	0	0	52	62
	跳线串	39	6	0	0	0	5	6
	地线	2528	1376	0	0	0	347	1376
垂直荷载	导线	6320	12454	6320	12454	12454	6320	12454
	绝缘子及金具	1700	1956	1700	1956	1956	1700	1956
	跳线串	1188	1366	1188	1366	1366	1188	1366
	地线	2586	6723	2586	6723	6723	2586	6723

续表

项目		正常运行情况			事故情况		安装情况	不均匀冰
		基本风速	覆冰	最低气温	未断线	断线		
张力	导线 一侧	41992	57144	54795	40001	40001	46827	
	另一侧	0	0	0	0	0	0	
	张力差	41992	57144	54795	40001	40001	46827	33835
	地线 一侧	18788	28894	23062	28894	28894	20786	
	另一侧	0	0	0	0	0	0	
	张力差	18788	28894	23062	28894	28894	20786	16469

10.4.2 基础尺寸及作用力（见表10.4－4和表10.4－5）

表 10.4－4 　　　　跟 开 尺 寸 　　　　（mm）

呼高（m）	基础跟开		地脚螺栓根开		地脚螺栓规格（强度等级）
	正面跟开	侧面跟开	正面跟开	侧面跟开	
18	6432	6432	340	340	4M64（5.6级）
24	7850	7850	340	340	4M64（5.6级）

表 10.4－5 　　　　基 础 作 用 力 　　　　（kN）

呼高（m）	T_{MAX}	T_X	T_y	N_{MAX}	N_x	N_y
18	1176.99	140.17	161.99	1314.68	164.53	170.87
24	1205.45	143.75	161.53	1361.02	168.77	173.95

10.5　110－EC21GD－DL 单回路电缆终端塔

10.5.1　设计条件（见表10.5－1～表10.5－3）

表 10.5－1 　　　导地线型号及张力取值

基本参数	型号	最大使用张力（N）	断线不平衡张力取值（%）	覆冰不平衡张力取值（%）
导线	2×JL3/G1A－240/30	2×11905	70	30
地线	JLB20A－100	16055	100	40

表 10.5－2 　　　　塔 型 使 用 条 件

使用条件	水平档距（m）	垂直档距（m）	代表档距（m）	转角度数（°）	计算呼高（m）	K_v系数
数值	150	200	0/150	0	30	—

表 10.5－3 　　　　荷 载 一 览 表 　　　　（N）

项目		正常运行情况			事故情况		安装情况	不均匀冰
		基本风速	覆冰	最低气温	未断线	断线		
	t（℃）/v（m/s）/b（mm）	－5/27/0	－5/10/10	－40/0/0	－5/0/10	－5/0/10	－10/10/0	－5/10/10
水平荷载	导线	4475	1419	0	0	0	614	1419
	绝缘子及金具	291	48	0	0	0	40	48
	跳线串	395	65	0	0	0	54	65
	地线	1591	866	0	0	0	218	866
垂直荷载	导线	3612	7116	3612	7116	7116	3612	7116
	绝缘子及金具	1431	1645	1431	1645	1645	1431	1645
	跳线串	1192	1371	1192	1371	1371	1192	1371
	地线	1461	3822	1461	3822	3822	1461	3822
张力	导线 一侧	0	0	0	0	0	0	0
	另一侧	17442	23810	15687	16667	16667	13609	
	张力差	17442	23810	15687	0	0	13609	0
	地线 一侧	0	0	0	0	0	0	0
	另一侧	8790	15208	8995	15208	15208	7532	
	张力差	8790	15208	8995	0	0	7532	0

10.5.2　基础尺寸及作用力（见表10.5－4和表10.5－5）

表 10.5－4 　　　　跟 开 尺 寸 　　　　（mm）

呼高（m）	根径	地脚螺栓分布圆直径	地脚螺栓规格（强度等级）
18	1213	1450	28M42（8.8级）
24	1363	1600	32M42（8.8级）
30	1513	1750	32M42（8.8级）

表 10.5－5　　　　基 础 作 用 力

呼 高（m）	水平力（kN）	垂直力（kN）	最大弯矩（kN·m）
18	148.3	137.9	3177.1
24	150.0	170.3	4110.2
30	151.8	208.6	5060.6

10.6　110－EC21GD－DL 双回路电缆终端塔

10.6.1　设计条件（见表 10.6－1～表 10.6－3）

表 10.6－1　　　　导地线型号及张力取值

基本参数	型号	最大使用张力（N）	断线不平衡张力取值（%）	覆冰不平衡张力取值（%）
导线	2×JL3/G1A－240/30	2×11905	70	30
地线	JLB20A－100	16055	100	40

表 10.6－2　　　　塔 型 使 用 条 件

使用条件	水平档距（m）	垂直档距（m）	代表档距（m）	转角度数（°）	计算呼高（m）	K_V 系数
数值	150	200	0/150	0	30	—

表 10.6－3　　　　荷 载 一 览 表　　　　（N）

项目		正常运行情况			事故情况		安装情况	不均匀冰
		基本风速	覆冰	最低气温	未断线	断线		
t（℃）/v（m/s）/b（mm）		−5/27/0	−5/10/10	−40/0/0	−5/0/10	−5/0/10	−10/10/0	−5/10/10
水平荷载	导线	4475	1419	0	0	0	614	1419
	绝缘子及金具	291	48	0	0	0	40	48
	跳线串	407	67	0	0	0	56	67
	地线	1635	890	0	0	0	224	890

续表

项目			正常运行情况			事故情况		安装情况	不均匀冰
			基本风速	覆冰	最低气温	未断线	断线		
垂直荷载	导线		3612	7116	3612	7116	7116	3612	7116
	绝缘子及金具		1366	1571	1366	1571	1571	1366	1571
	跳线串		1192	1371	1192	1371	1371	1192	1371
	地线		1422	3774	1422	3774	3774	1422	3774
张力	导线	一侧	0	0	0	0	0	0	
		另一侧	17161	23810	13804	16667	16667	13922	
		张力差	17161	23810	13804	0	0	13922	0
	地线	一侧	0	0	0	0	0	0	
		另一侧	8117	15208	7085	15208	15208	6748	
		张力差	8117	15208	7085	0	0	6748	0

10.6.2　基础尺寸及作用力（见表 10.6－4 和表 10.6－5）

表 10.6－4　　　　跟 开 尺 寸　　　　（mm）

呼高（m）	根径	地脚螺栓分布圆直径	地脚螺栓规格（强度等级）
18	1469	1700	28M48（8.8级）
24	1640	1900	32M56（8.8级）
30	1811	2100	32M56（8.8级）

表 10.6－5　　　　基 础 作 用 力

呼高（m）	水平力（kN）	垂直力（kN）	最大弯矩（kN·m）
18	180.0	184.6	4186.1
24	181.4	227.1	5302.8
30	183.1	271.6	6440.9